供配电技术

主编◎孙振勇　邹　颖　孙　莉

上海交通大学出版社
SHANGHAI JIAO TONG UNIVERSITY PRESS

内容提要

　　本教材依据《国家职业技术教育改革实施方案》并结合岗、课、赛、证的要求介绍了供配电技术的一般原理和操作技术。本教材共分为 10 个项目，在各项目任务实施过程中，深入浅出、逐步递进地将电工作业人员持证上岗的基本要求，高、低压电气设备的组成及供配电技术的基本操作融入学习与操作中，并通过课后任务工单使学生把所学的知识与技能牢固掌握、巩固和提升，实现在"做中学"，在"学中做"。本教材既可作为电力技术类专业的教材，也可作为工程技术人员的培训教材和自学参考书。

图书在版编目（CIP）数据

　　供配电技术 / 孙振勇，邹颖，孙莉主编 . —上海：
上海交通大学出版社，2024.2
　　ISBN 978-7-313-30193-2

　　Ⅰ.①供…　Ⅱ.①孙…②邹…③孙…　Ⅲ.①供电系
统—高等职业教育—教材②配电系统—高等职业教育—教
材　Ⅳ.① TM72

　　中国国家版本馆 CIP 数据核字（2024）第 034998 号

供配电技术

GONGPEIDIAN JISHU

主　　编：	孙振勇　邹　颖　孙　莉	地　　址：	上海市番禺路 951 号
出版发行：	上海交通大学出版社	电　　话：	021-6407 1208
邮政编码：	200030		
印　　制：	北京荣玉印刷有限公司	经　　销：	全国新华书店
开　　本：	787 mm × 1092 mm　1/16	印　　张：	14.5
字　　数：	320 千字		
版　　次：	2024 年 2 月第 1 版	印　　次：	2024 年 2 月第 1 次印刷
书　　号：	ISBN 978-7-313-30193-2	电子书号：	ISBN 978-7-89424-562-5
定　　价：	49.80 元		

编写委员会

主　编　孙振勇　邹　颖　孙　莉

副主编　黄闪闪　钱　诚　曾祥涛　李兆平　贾荣斌

参　编　张国豪　张靖轩　杨德锦

前 言

"供配电技术"是高等职业院校电力技术类专业的一门专业核心课程。为贯彻落实《国家职业技术教育改革实施方案》及"三全育人"的新时代职业技术教育发展新思想，教材在《中华人民共和国安全生产法》基础上，牢固树立"特种作业，安全第一"的安全理念，依据高等职业院校电力技术类专业教学标准的要求，通过校企合作，以项目任务驱动模式阐述内容。同时，为了更加突出思想性、实践性，编写时积极融入课程思政和1+X证书相关考试内容，落实"三全育人"的教育理念，由浅入深地突出"实践育人"和"安全育人"的先进教育思想。本教材具有以下特色。

一、融入课程思政，落实"三全育人"

本教材把理想信念、职业道德、工匠精神、奉献社会等思想政治元素融入课堂，突出职业技术教育为国家兴旺、为民族振兴培养人才的理念。同时，本教材还结合党的二十大相关内容，宣传大国工匠，弘扬新时代劳动精神，紧紧围绕"立德树人"根本任务，牢固树立为社会主义现代化强国培养有用人才的理想信念。

二、坚持"特种作业"持证先行，适应"1+X"证书制度

本教材严格落实《中华人民共和国安全生产法》，时刻强调"特种作业，安全第一"的基本要求，促进我国智能制造稳定、和谐发展。根据我国特种作业相关规范要求，高、低压电工考取特种作业操作证（高压电工作业证和低压电工作业证）是高、低压电工上岗的基础，也是上岗的第一次安全教育。教材内容以真实生产项目、典型工作任务和案例为载体来组织教学任务，以适应"1+X"证书的考证需求。

三、内容编排由浅入深，循序渐进，突出能力提升

本教材内容分三个层次，项目一讲述了电工持证上岗的相关法律规范，并介绍了特种作业考试的主要内容；项目二至项目八介绍了高、低压供配电的一般工作过程和操作技术；项目九和项目十主要介绍了供配电技术的安全管理和供配电安全条件的检查要点。

四、设置任务工单，强化学生实践动手能力

本教材增加了任务工单，用以对学生所学知识的检验与巩固。每一项目的任务工单都是对所学知识与技能的再加工，同时增加了同学间的互评，起到了相互促进、共同提升的作用。

本书由孙振勇、邹颖、孙莉担任主编，黄闪闪、钱诚、曾祥涛、李兆平、贾荣斌担任副主编，张国豪、张靖轩、杨德锦参与编写。其中项目一由襄阳汽车职业技术学院李兆平编写，项目二由襄阳汽车职业技术学院钱诚编写，项目三、项目十由襄阳汽车职业技术学院孙振勇编写，项目四、项目五由襄阳汽车职业技术学院黄闪闪编写，项目六由襄阳汽车职业技术学院邹颖编写，项目七由襄阳汽车职业技术学院孙莉编写，项目八由襄阳市安全生产宣传教育中心专家曾祥涛编写，项目九由襄阳市经济和信息化委员会安全技术专家贾荣斌编写。全书由孙振勇负责统稿，张国豪、张靖轩、杨德锦负责编排和校对。本书配有丰富的数字化资源，包含了电子课件（PPT）、试题库等，有需要者可致电 13810412048 或发邮件至 2393867076@qq.com 领取。

　　本书是由襄阳汽车职业技术学院与襄阳市安全生产宣传教育中心校企合作共同开发的教材，在此向相关人员表示感谢。由于编者水平有限，书中存在的不当之处，恳请广大读者批评指正。

学习资源库

目　录

项目一　特种作业的认知 / 1

任务一　了解特种作业及特种作业操作证
　　　　考核规定 …………… 2
一、特种作业 ……………… 2
二、特种作业操作证考核规定 ……… 5
任务二　熟知电工作业的基本知识 …… 7
一、电工作业的定义 …………… 7
二、电工作业人员的安全职责 ……… 7
三、电气作业安全组织管理 ……… 7
四、电气作业安全组织措施 ……… 8
五、电气作业安全技术措施 ……… 10
拓展阅读　2020 年我国电力系统人身
　　　　　伤亡事故情况统计 ……… 12
思考与练习 ……………… 14
项目总结 ………………… 14
任务工单　特种作业高、低压电工
　　　　　操作票 ……………… 15

**项目二　供配电系统的组成
　　　　与特点 / 17**

任务一　认识电力系统的组成及其电压
　　　　等级 ……………… 18
一、电力系统的组成 …………… 18
二、电力系统的基本要求 ……… 19
三、电力系统的电压等级 ……… 19
任务二　了解电力系统中性点的运行
　　　　方式 ……………… 22
一、电力系统中性点运行方式的
　　定义 ……………… 22

二、中性点不接地的电力系统 …… 22
三、中性点经消弧线圈接地的电力
　　系统 ……………… 23
四、中性点直接接地或经低阻抗接地
　　的电力系统 …………… 25
任务三　了解工厂供配电系统的
　　　　组成 ……………… 25
一、工厂供配电系统的组成 ……… 25
二、工厂供配电系统电压的选择 … 28
任务四　参观学校供配电系统 ……… 28
一、参观学校变配电所及高、低压架空
　　输电线路 …………… 29
二、参观学校低压配电系统 ……… 30
拓展阅读　了解我国配电网的发展 … 31
思考与练习 ……………… 31
项目总结 ………………… 32
任务工单　认识学校高、低压供配电
　　　　　系统 ……………… 33

项目三　电力负荷及短路故障 / 35

任务一　认识电力负荷及负荷曲线 … 36
一、电力负荷的定义 …………… 36
二、电力负荷的分类 …………… 36
三、不同负荷对供电电源的要求 … 37
四、用电设备的工作制 ………… 38
五、负荷曲线 …………… 38
六、与负荷曲线有关的物理量 …… 40
任务二　了解电力系统短路故障危害
　　　　与防护 …………… 41
一、短路的概念 …………… 41

二、短路的类型 ……………… 42

三、短路的后果 ……………… 42

四、预防电力系统短路的措施 …… 43

拓展阅读 错峰用电 自建储能 …… 43

思考与练习 ………………………… 44

项目总结 …………………………… 44

任务工单 工厂供配电系统单相接地
故障的处理 ……………… 45

项目四 供配电系统部件的工作
原理与维护 / 47

任务一 掌握高压电气部件的工作原理
与维护 ………………… 48

一、高压熔断器 ……………… 48

二、高压隔离开关 …………… 49

三、高压负荷开关 …………… 50

四、高压断路器 ……………… 51

五、成套电气装置 …………… 53

六、电力电容器 ……………… 54

七、电压互感器 ……………… 55

八、电流互感器 ……………… 57

九、母线 ……………………… 59

任务二 掌握变压器的工作原理与
维护 …………………… 61

一、变压器的工作原理 ……… 61

二、变压器的铭牌 …………… 61

三、变压器的连接组别 ……… 62

四、变压器台数的选择 ……… 63

五、变压器容量的选择 ……… 63

六、变压器的维护 …………… 64

任务三 掌握低压用电器的工作原理与
维护 …………………… 64

一、开关电器 ………………… 64

二、主令电器 ………………… 65

三、低压断路器 ……………… 66

四、低压熔断器 ……………… 68

五、接触器 …………………… 69

六、热继电器 ………………… 70

七、时间继电器 ……………… 71

任务四 掌握电工安全用具与应急救援
技术 …………………… 73

一、电气安全用具 …………… 73

二、防护用具 ………………… 75

三、安全用具的日常检查 …… 77

四、电工安全标示牌 ………… 77

五、电工应急救援知识 ……… 79

拓展阅读 世界容量最大 110 kV 级户外
智能型干式变压器上线 … 83

思考与练习 ………………………… 83

项目总结 …………………………… 83

任务工单 1 电力变压器绝缘电阻的
测量 ………………… 85

任务工单 2 高压开关柜的停、送电
操作（KYN28-12 型） … 87

项目五 工厂供配电线路的运行
与维护 / 89

任务一 认识工厂变配电所的布置和
结构 …………………… 90

一、变配电所总体布置要求 … 90

二、变配电所总体布置方案 … 90

三、变配电所的结构 ………… 91

四、变压器室的结构 ………… 94

五、高压电容器室的结构 …… 95

六、值班室的结构 …………… 96

任务二 认识工厂变配电所电气
主接线 ………………… 96

一、单母线接线方式 ………… 97

二、双母线接线方式 ………… 100

三、无母线接线方式 ………… 103

任务三　工厂供配电线路的运行与
　　　　维护 ……………… 105
　一、架空线路 ………… 105
　二、电缆线路 ………… 106
　三、车间配电线路 …… 108
任务四　掌握电气设备的倒闸操作 … 110
　一、电气设备的运行状态 ……… 110
　二、电气倒闸操作的基本原则 … 111
　三、倒闸操作前应遵守的要求 …… 111
　四、倒闸操作的注意事项 ……… 112
　五、倒闸操作制度及有关规定 … 112
　六、倒闸操作的实施过程及要求 … 113
拓展阅读　特高压行业中的"大国
　　　　工匠" ……………… 115
思考与练习 ………………… 115
项目总结 …………………… 116
任务工单　工厂变配电所的倒闸操作 … 117

项目六　供配电系统的过电流
　　　　保护 / 121

任务一　了解过电流保护的方式 …… 122
　一、过电流保护的分类和任务 … 122
　二、过电流保护的基本要求 ……… 122
　三、熔断器保护和断路器保护 … 123
任务二　了解常用保护继电器 …… 125
　一、常用保护继电器的分类 ……… 125
　二、电磁式电流继电器 ……… 126
　三、电磁式电压继电器 ……… 126
　四、时间继电器 ……… 126
　五、电磁式中间继电器 ……… 128
　六、电磁式信号继电器 ……… 128
　七、感应式电流继电器 ……… 129
任务三　了解继电保护装置的接线
　　　　方式 ……………… 130
　一、两相两继电器式接线 ……… 130

二、两相一继电器式接线 ………… 130
任务四　学习工厂供配电线路的继电
　　　　保护 ……………… 131
　一、工厂供配电线路继电保护的
　　　设置 ……………… 131
　二、带时限的过电流保护 ……… 131
　三、电流速断保护 ……… 133
　四、单相接地保护 ……… 133
任务五　掌握电力变压器的继电保护
　　　　措施 ……………… 133
　一、常见电力变压器运行过程中的
　　　不正常状态 ……… 133
　二、电力变压器继电保护的设置 … 134
　三、电力变压器的过电流、电流速断
　　　和过负荷保护 ……… 134
　四、电力变压器低压侧的单相短路
　　　保护 ……………… 135
　五、电力变压器的瓦斯保护 …… 136
　六、电力变压器纵联差动保护 … 138
拓展阅读　世界最大特高压交流变压器
　　　　研发成功 ……… 138
思考与练习 ………………… 139
项目总结 …………………… 139
任务工单　供配电系统继电保护装置的
　　　　维护 ……………… 141

项目七　供配电系统的接地、接零
　　　　与漏电保护 / 143

任务一　认识供配电系统的接地
　　　　保护 ……………… 144
　一、接地的有关概念 ……… 144
　二、电气设备接地装置的装设 …… 145
　三、接地的类型 ……… 146
　四、认识低压配电系统的接地形式 … 147
　五、电气设备的接地装置 ……… 150

任务二　认识供配电系统的接零
　　　　保护 …………… 152
一、接零的概念 ………… 152
二、接零保护工作原理 ………… 152
任务三　认识供配电系统的漏电
　　　　保护 …………… 153
一、漏电保护器的结构 ………… 153
二、漏电保护器的工作原理 ………… 154
三、漏电保护器的安装 ………… 157
四、漏电保护器在供配电系统中的
　　正确使用 ………… 158
拓展阅读　了解我国超级工程之一——
　　　　　西电东送 ………… 159
思考与练习 ………… 159
项目总结 ………… 160
任务工单　学校供配电系统中的接地
　　　　　方式与漏电保护器的安装
　　　　　认知 ………… 161

项目八　供配电系统的防雷
措施 / 163

任务一　了解过电压与防雷的概念 … 164
一、电力系统过电压的种类 ……… 164
二、雷电的形成及危害 ………… 165
任务二　认识工厂供配电系统的防雷
　　　　装置 …………… 166
一、接闪器 ………… 166
二、避雷器 ………… 168
任务三　掌握供配电系统的防雷保护 … 171
一、架空线路的防雷保护 ………… 171
二、变配电所的防雷保护 ………… 172
三、设备防雷保护 ………… 175
拓展阅读　科技与创新——引雷技术 … 176
思考与练习 ………… 176
项目总结 ………… 176

任务工单　学校高、低压供配电系统防雷
　　　　　保护认知 ………… 178

项目九　工厂供配电系统的运行
管理与事故处理 / 180

任务一　熟悉工厂供配电系统的运行
　　　　管理措施 ………… 181
一、工厂供配电系统的安全环境管理
　　措施 ………… 181
二、工厂供配电系统的技术管理 … 181
三、工厂供配电系统的运行调度
　　管理 ………… 182
四、工厂供配电系统的班组管理 … 182
五、工厂供配电系统的设备管理 … 182
六、工厂供配电系统运行日志的
　　规范化填写 ………… 182
任务二　掌握工厂供配电系统节约电能
　　　　措施 …………… 186
一、节约电能的意义 ………… 186
二、节约电能的措施 ………… 186
三、工厂供配电系统功率因数的补偿
　　方法 ………… 186
四、并联电容器组的投切操作 …… 190
五、并联电容器组的巡查与维护
　　项目 ………… 191
任务三　掌握工厂供配电系统事故处理
　　　　方法 …………… 191
一、工厂供配电系统事故的分类 … 191
二、工厂供配电系统事故处理的
　　原则 ………… 191
三、工厂供配电系统事故现场处
　　理人员应具备的素质 ………… 192
四、工厂供配电系统事故处理的工作
　　程序 ………… 192

五、工厂供配电系统事故处理的注意
　　事项 ……………………………… 193
六、变配电所低压主进线开关跳闸
　　事故处理操作 …………………… 193
七、变压器高压侧开关跳闸事故处理
　　操作 ……………………………… 194
拓展阅读　三峡输电工程意义深远 … 195
思考与练习 …………………………… 196
项目总结 ……………………………… 196
任务工单　变压器高压侧开关跳闸
　　　　　事故处理（以杆上变压器
　　　　　为例） …………………… 197

项目十　供配电系统的电气安全
　　　　检查 / 200

任务一　熟悉电气安全检查适用的
　　　　规范 ……………………… 201
一、电气安全检查常用的规范汇总 … 201
二、不同类型企业适用的规范 …… 201
任务二　分析某砖厂触电死亡事故
　　　　案例 ……………………… 202
一、事故经过 ………………………… 202
二、现场情况勘察 …………………… 202

三、原因分析 ………………………… 203
四、整改措施 ………………………… 203
任务三　分析 KTV 触电死亡案例 …… 204
一、情况介绍 ………………………… 204
二、现场情况勘察 …………………… 204
三、原因分析 ………………………… 204
四、整改措施 ………………………… 205
任务四　分析易燃易爆化工企业电气
　　　　安全专项内容 …………… 206
一、企业供配电情况介绍 ………… 206
二、诊断依据、路径 ……………… 209
三、电气伤害事故原因分析 ……… 209
四、电气隐患存在场所及类型 …… 211
五、主要问题分析 ………………… 214
六、改善电气安全条件的建议 …… 215
七、总结 …………………………… 215
拓展阅读　电气火灾 ……………… 215
思考与练习 ………………………… 216
项目总结 …………………………… 217
任务工单　学校高、低压供配电系统
　　　　　电气隐患诊断 ………… 218

参考文献 / 220

项目一

特种作业的认知

目标导航 ▷

知识目标

① 了解特种作业项目的分类。

② 熟知特种作业人员应具备的基本条件及相关的法律法规。

③ 了解特种作业操作证的考核项目、培训内容、学时要求、取证及复审规定等。

④ 熟知电工作业内容。

⑤ 熟悉电气作业安全组织管理。

技能目标

① 电工作业前能按规范执行停电、验电、接地、悬挂标示牌和装设遮栏等安全技术措施。

② 能按技术要求规范完成倒闸等操作。

③ 电工作业前能正确填写操作票并严格执行。

素质目标

① 通过学习特种作业法律法规，了解法律规范在电工作业中的指导作用。

② 通过学习特种作业的考试规定，明确理论与实践结合的重要性。

③ 通过学习电工作业的安全组织措施，明确制度在生产生活中的重要性。

项目概述

　　本项目首先介绍了特种作业项目的分类、特种作业人员考证应具备的基本条件与特种作业相关的法律法规，并以高、低压电工操作证为例，介绍了特种作业操作证的考核项目、培训内容、学时要求、取证及复审规定等；然后又介绍了电工的作业内容、电工作业人员的安全职责、电气作业安全组织管理、安全组织措施、安全技术措施，并以倒闸操作为例，介绍了倒闸技术要求及工作票填写规定。学习本项目时，应该把重点放在特种作业操作证的相关考核规定以及电工作业的常用技术要求和规范上。

　　掌握电气作业安全技术措施和工作票的填写，养成严格按规范和技术要求执行操作的良好习惯，有助于后面课程的学习。

任务一 了解特种作业及特种作业操作证考核规定

一、特种作业

1. 特种作业的定义

特种作业，是指容易发生事故，对操作者本人、他人的安全健康及设备、设施的安全可能造成重大危害的作业。

2. 特种作业范围

根据 2020 年发布的《特种作业目录（征求意见稿）》，特种作业包括 12 个类别，66 个操作项目（工种），具体如表 1-1 所示。

表 1-1 特种作业目录

序号	类别	操作项目（工种）
1	电工作业	低压电工作业
		高压电工作业
		电力电缆作业
		继电保护作业
		电气试验作业
2	焊接与热切割作业	熔化焊接与热切割作业
		压力焊作业
3	高处作业	登高架设作业
		悬空作业
		攀登作业
4	制冷与空调作业	制冷设备运行、安装、修理操作作业
		空调设备运行、安装、修理操作作业
5	煤矿安全作业	煤矿井下电气作业
		煤矿井下爆破作业
		煤矿安全监测监控作业
		煤矿瓦斯检查作业
		煤矿安全检查作业
		煤矿提升机操作作业
		煤矿采煤机操作作业

续表

序号	类别	操作项目（工种）
5	煤矿安全作业	煤矿掘进机操作作业
		煤矿瓦斯抽采作业
		煤矿防突作业
		煤矿探放水作业
		煤矿防冲作业
		煤矿无轨胶轮车操作作业
6	金属非金属矿山安全作业	金属非金属矿井通风作业
		尾矿作业
		金属非金属矿山提升机操作作业
		金属非金属矿山支护作业
		金属非金属地下矿山主排水作业
		金属非金属矿山无轨胶轮车操作作业
7	石油天然气安全作业	钻井司钻作业
		井下作业司钻作业
8	冶金（有色）生产安全作业	煤气作业
9	危险化学品安全作业	光气及光气化工艺作业
		氯碱电解工艺作业
		氯化工艺作业
		硝化工艺作业
		合成氨工艺作业
		裂解（裂化）工艺作业
		氟化工艺作业
		加氢工艺作业
		重氮化工艺作业
		氧化工艺作业
		过氧化工艺作业
		胺基化工艺作业
		磺化工艺作业
		聚合工艺作业
		烷基化工艺作业

续表

序号	类别	操作项目（工种）
9	危险化学品安全作业	新型煤化工工艺作业
		电石生产工艺作业
		偶氮化工工艺作业
		化工自动化控制仪表作业
		危险化学品仓储作业
10	烟花爆竹安全作业	烟火药制造作业
		黑火药制造作业
		引火线制造作业
		烟花爆竹产品涉药作业
		烟花爆竹储存作业
11	有限空间安全作业	有限空间监护作业
12	应急救援作业	矿山救援作业
		危险化学品救援作业
		建筑物坍塌救援作业
		水域救援作业
		高空绳索救援作业
		直升机救援作业
13	应急管理部会同有关部门认定的其他作业	

3. 特种作业人员应具备的基本条件

根据《特种作业人员安全技术培训考核管理规定》第 4 条规定，特种作业人员应当符合下列条件。

（1）年满 18 周岁，且不超过国家法定退休年龄。

（2）经社区或者县级以上医疗机构体检健康合格，并无妨碍从事相应特种作业的器质性心脏病、癫痫病、美尼尔氏症、眩晕症、癔病（癔症）、震颤麻痹症（帕金森病）、精神病、痴呆症以及其他疾病和生理缺陷。

（3）具有初中及以上文化程度（危险化学品、煤矿特种作业人员应当具备高中及以上文化程度）。

（4）具备必要的安全技术知识与技能。

（5）相应特种作业规定的其他条件。

4.我国法律法规中对特种作业人员的要求

（1）《中华人民共和国安全生产法》第30条规定："生产经营单位的特种作业人员必须按照国家有关规定经专门的安全作业培训，取得相应资格，方可上岗作业。特种作业人员的范围由国务院应急管理部门会同国务院有关部门确定。"

（2）《中华人民共和国安全生产法》第97条规定："生产经营单位有下列行为之一的，责令限期改正，处十万元以下的罚款；逾期未改正的，责令停产停业整顿，并处十万元以上二十万元以下的罚款，对其直接负责的主管人员和其他直接责任人员处二万元以上五万元以下的罚款"，其中第（7）项规定"特种作业人员未按照规定经专门的安全作业培训并取得相应资格，上岗作业的"。

（3）《中华人民共和国矿山安全法》第26条第2款规定："矿山企业安全生产的特种作业人员必须接受专门培训，经考核合格取得操作资格证书的，方可上岗作业。"

（4）《安全生产许可证条例》第6条第5项把"特种作业人员经有关业务主管部门考核合格，取得特种作业操作资格证书"作为企业取得安全生产许可证的必备条件之一。

（5）《中华人民共和国消防法》第21条第2款规定："进行电焊、气焊等具有火灾危险作业的人员和自动消防系统的操作人员，必须持证上岗，并遵守消防安全操作规程。"

（6）《中华人民共和国消防法》第67条规定："机关、团体、企业、事业等单位违反本法第十六条、第十七条、第十八条、第二十一条第二款规定的，责令限期改正；逾期不改正的，对其直接负责的主管人员和其他直接责任人员依法给予处分或者给予警告处罚。"

（7）《工贸企业重大事故隐患判定标准》第3条规定："工贸企业有下列情形之一的，应当判定为重大事故隐患"，其中第（2）项规定"特种作业人员未按照规定经专门的安全作业培训并取得相应资格，上岗作业的"。

二、特种作业操作证考核规定

1.特种作业人员安全技术考试项目

《安全生产资格考试与证书管理暂行办法》第9条规定："特种作业人员操作资格考试分为安全生产知识考试和实际操作考试。安全生产知识考试合格后，方可进行实际操作考试。安全生产知识考试在考试点进行，实行计算机考试，特殊情况经考试机构同意可采用计算机生成的纸质试卷考试。考试时间为120分钟，满分为100分，80分以上为合格。实际操作考试应当在具备实际操作考试条件的考试点，采取现场实际操作或者仿真模拟操作等方式进行，满分为100分，80分以上为合格。"第10条规定："考试不合格的，允许补考1次。考试合格成绩有效期为12个月。"

2. 特种作业人员安全技术培训要求

特种作业人员安全技术培训应在相应的培训机构进行。低压电工作业培训 148 学时，高压电工作业培训 154 学时，复审培训一般要求不少于 8 学时。

3. 特种作业操作证取证规定

申请特种作业操作证的人员可以向任意从业所在地市（地）级以上发证机关或其委托的考试机构提出考核申请，实现取证、复审和换证，不受区域限制。依法依规经专门的安全作业培训并考核合格后，取得的特种作业操作证信息可实现全国联网，在全国范围内有效、通用和互认。

特种作业操作证有效期为 6 年，每 3 年复审一次（不含煤矿），每 6 年换发一次证书。特种作业操作证需要复审的，应当在期满前 60 日内，由申请人或者申请人的用人单位向原考核发证机关或者从业所在地考核发证机关提出申请。

4. 特种作业操作证

特种作业操作证分为旧版和新版。旧版操作证（以低压电工证为例）如图 1-1 所示，新版操作证（以电子版低压电工证为例）如图 1-2 所示。

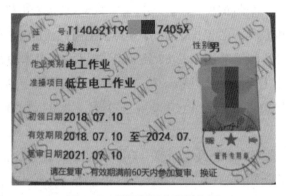

图 1-1　旧版低压电工操作证

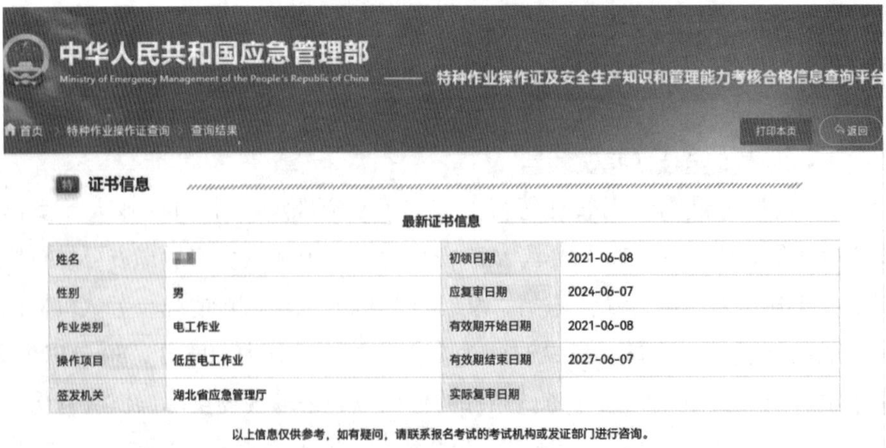

图 1-2　新版低压电工操作证

任务二　熟知电工作业的基本知识

一、电工作业的定义

低压电工作业是指对 1 kV 以下的低压电气设备进行安装、调试、运行操作、维护、检修、改造施工和试验的作业；高压电工作业是指对 1 kV 及以上的高压电气设备进行运行、维护、安装、检修、改造、施工、调试、试验，以及对绝缘工、器具进行试验的作业。

二、电工作业人员的安全职责

（1）认真执行有关用电安全规范、标准、规程及制度，严格按照操作规程进行作业。

（2）负责日常现场临时用电安全检查、巡视和检测，发现异常情况及时采取有效措施，防止发生事故。

（3）负责日常电气设备、设施的维护和保养。

（4）负责对现场用电人员进行安全用电技术交底，做好用电人员在特殊场所作业的监护作业。

（5）积极宣传电气安全知识，维护安全生产秩序，有权制止任何违章指挥或违章作业行为。

三、电气作业安全组织管理

1. 管理人员和机构

电工属于特殊工种，一方面企业和单位应有专门的机构或人员负责电气安全工作，另一方面国家要求从事电气作业的电工，必须接受国家规定的培训、考核，合格者方可持证上岗。同时，在作业过程中应接受国家有关部门的安全生产监督。

2. 规章制度

为了保证检修工作，特别是为了保证高压检修工作的安全，必须坚持必要的安全工作制度，如工作票制度、工作许可制度、工作监护制度等。

3. 安全检查

安全检查是电工岗位的一项重要的工作内容，它是保证供配电系统正常工作的前提条件，意义重大。对于使用中的电气设备，应定期测定其绝缘电阻；对于各种接地装置，应定期测定其接地电阻；对于安全用具，如避雷器、变压器及其他保护电器，也应定期检查并进行耐压试验。

4. 安全教育

新入厂的人员要接受厂、车间、生产小组三级安全教育，要求掌握安全用电的知识。对于独立作业的电气人员，必须掌握电气装置在安装、使用、维护、检修过程中的安全要求，熟知电气安全操作规程，学会电气灭火的方法，掌握触电急救的技能，并取得特种作业人员操作证。

四、电气作业安全组织措施

在电气设备上工作，保证安全的组织措施有工作票制度、工作许可制度、工作监护制度及工作间断、转移和终结制度。

1. 工作票制度

在电气设备上工作，应填写工作票（见表 1-2）或按命令执行。

表 1-2　高压作业工作票

<table>
<tr><td colspan="6" align="center">10 kV 高压开关柜送电操作票</td></tr>
<tr><td align="center">发令人</td><td></td><td align="center">受令人</td><td></td><td align="center">发令时间</td><td>2022 年 3 月 16 日 8 时 10 分</td></tr>
<tr><td colspan="3">操作开始时间：2022 年 3 月 16 日 8 时 15 分</td><td colspan="3">操作结束时间：2022 年 3 月 16 日 8 时 25 分</td></tr>
<tr><td align="center">操作任务</td><td colspan="5">EGG-05 高压开关柜由检修转运行（送电）</td></tr>
<tr><td align="center">勾选已完成的操作项</td><td align="center">顺序</td><td colspan="2" align="center">操作项目</td><td align="center">时</td><td align="center">分</td></tr>
<tr><td align="center">√</td><td align="center">1</td><td colspan="2" align="center">拆除标志牌及护栏</td><td align="center">8</td><td align="center">15</td></tr>
<tr><td align="center">√</td><td align="center">2</td><td colspan="2" align="center">拆除已装设接地线一组 01</td><td align="center">8</td><td align="center">15</td></tr>
<tr><td align="center">√</td><td align="center">3</td><td colspan="2" align="center">检查已装设接地线一组 01 确已拆除</td><td align="center">8</td><td align="center">16</td></tr>
<tr><td align="center">√</td><td align="center">4</td><td colspan="2" align="center">将操作联锁机构指示手柄由检修位搬至操作位</td><td align="center">8</td><td align="center">16</td></tr>
<tr><td align="center">√</td><td align="center">5</td><td colspan="2" align="center">检查操作联锁机构指示手柄由检修位确已在操作位</td><td align="center">8</td><td align="center">16</td></tr>
<tr><td align="center">√</td><td align="center">6</td><td colspan="2" align="center">拉开 EGG-05 接地刀闸</td><td align="center">8</td><td align="center">17</td></tr>
<tr><td align="center">√</td><td align="center">7</td><td colspan="2" align="center">检查 EGG-05 接地刀闸确在断开位置</td><td align="center">8</td><td align="center">17</td></tr>
<tr><td align="center">√</td><td align="center">8</td><td colspan="2" align="center">合上电源侧隔离开关 EGG-05（母线侧）</td><td align="center">8</td><td align="center">18</td></tr>
<tr><td align="center">√</td><td align="center">9</td><td colspan="2" align="center">检查电源侧隔离开关 EGG-05 确已合上</td><td align="center">8</td><td align="center">19</td></tr>
<tr><td align="center">√</td><td align="center">10</td><td colspan="2" align="center">合上负荷倒隔离开关 EGG-05（母线侧）</td><td align="center">8</td><td align="center">19</td></tr>
<tr><td align="center">√</td><td align="center">11</td><td colspan="2" align="center">检查负荷倒隔离开关 EGG-05 确已合上</td><td align="center">8</td><td align="center">20</td></tr>
<tr><td align="center">√</td><td align="center">12</td><td colspan="2" align="center">合上断路器 EGG-05</td><td align="center">8</td><td align="center">20</td></tr>
<tr><td align="center">√</td><td align="center">13</td><td colspan="2" align="center">检查断路器 EGG-05 确已合上</td><td align="center">8</td><td align="center">21</td></tr>
<tr><td align="center">√</td><td align="center">14</td><td colspan="2" align="center">检查 EGG-05 红灯亮、绿灯灭</td><td align="center">8</td><td align="center">22</td></tr>
<tr><td align="center">√</td><td align="center">15</td><td colspan="2" align="center">检查机械位置（合）</td><td align="center">8</td><td align="center">22</td></tr>
<tr><td align="center">√</td><td align="center">16</td><td colspan="2" align="center">检查带电指示灯亮（A、B、C）</td><td align="center">8</td><td align="center">23</td></tr>
</table>

续表

勾选已完成的操作项	顺序	操作项目	时	分
√	17	将操作联锁机构指示手柄由操作位搬至工作位	8	24
√	18	全面检查上述操作	8	25
		以及空白		
备注：已执行				
操作人：×××　　　监护人：×××　　　　值班负责人：×××				

注：操作票为工作票种类之一，此处以 10 kV 高压开关柜送电操作票为例对工作票制度进行介绍。

2. 工作许可制度

工作票签发人员由熟悉人员技术水平、设备情况、安全工作规程的生产领导人或技术人员担任。工作负责人（监护人）可以填写工作票。工作负责人的安全责任：正确安全地组织工作，监督、监护工作人员遵守规程；负责检查工作票所列安全措施是否正确完备和值班员所做的安全措施是否符合现场实际条件；工作前对工作人员交代安全事项。工作许可人（值班员）不得签发工作票。工作许可人的职责范围：审查工作票所列安全措施是否正确完备，是否符合现场条件；检查停电设备有无突然来电的危险；对工作票所列的其他内容进行检查，即使发生很小的疑问，也必须向工作票签发人询问清楚，必要时应要求做详细补充。

工作许可人审查完工作票所列安全措施后，还应会同工作负责人到现场检查所做的安全措施，以手触试证明检修设备确无电压，对工作负责人指明带电设备的位置和注意事项，同工作负责人分别在工作票上签名。完成上述手续后，工作人员方可开始工作。

3. 工作监护制度

监护人应始终留在现场，对工作人员认真监护。监护内容：工作人员及所携带工具与带电体之间是否保持了足够的安全距离；工作人员站立是否合理；操作是否正确。监护人如发现工作人员操作违反规程，应及时纠正，必要时令其停止工作。若监护人不得不暂时离开现场时，应指定合适的人代行监护工作。

4. 工作间断、转移和终结制度

工作间断时，工作人员应从工作现场撤出，所有安全措施保持不动，工作票仍由工作负责人执存。每日收工，将工作票交回值班员。次日复工时，应征得值班员许可，取回工作票，工作负责人必须首先重新检查安全措施，确定符合工作票的要求后方可工作。

全部工作完毕后，工作人员应清扫、整理现场。工作负责人应先周密检查，待全体工作人员撤离工作地点后，再向值班人员讲清所修项目、发现的问题、试验结果和存在的问题等，并与值班人员共同检查设备状态，有无遗留物件，是否清洁等，然后在工作票上填明工作终结时间，经双方签字后，工作方告终结。

只有在同一停电系统的所有工作票结束，拆除所有接地线、临时遮栏和标示牌，恢复常设遮栏，并得到值班调度员或值班负责人的许可命令后，方可合闸送电。已执行完毕的工作票，应保存 3 个月。

五、电气作业安全技术措施

保证检修安全的技术措施主要是指停电、验电、挂临时接地线、设置遮栏和标示牌等须按操作票完成的各项技术措施，完成过程中应有人监护，操作时工作人员应配用相应电压等级的安全用具。

1. 停电

工作地点必须停电的设备如下。

（1）待检修设备。

（2）与工作人员工作中正常活动范围的距离小于表 1-3 规定的设备。

表 1-3　工作人员工作中正常活动范围与带电设备的安全距离

安全距离 /m	电压等级 /kV
0.35	10 及以下
0.60	20 ～ 35
0.90	44
1.50	60 ～ 110
2.00	154
3.00	220
4.00	330

说明：在 44 kV 以下的设备上进行工作，如果安全距离大于表 1-3 的规定，但小于表 1-4 的规定，则允许加设安全遮栏的情况下，可以实行不停电的操作。

表 1-4　设备不停电时的安全距离

安全距离 /m	电压等级 /kV
0.7	10 及以下
1.00	20 ～ 35
1.20	44
1.50	60 ～ 110
2.00	154

续表

安全距离 /m	电压等级 /kV
3.00	220
4.00	330

（3）带电部分在工作人员后面或两侧且无可靠安全措施的设备。将检修设备停电必须把各方面的电源完全断开（任何运行中的星形接线设备的中性点，必须视为带电设备），必须拉开刀闸，停电后使各方面至少有一个明显的断开点。与停电设备有关的变压器和电压互感器必须从高、低压两侧断开，防止向停电检修设备反送电。断开开关和刀闸的操作电源，刀闸操作把手必须锁住，并采取防止误合闸的措施。

2. 验电

对已停电的线路或设备，不论其经常接入的电压表或其他信号是否指示无电，均不得作为无电压的根据，应进行验电。

验电时，必须使用电压等级合适且合格的验电器，在检修设备的进出线两侧分别验电。验电前应先在有电设备上进行试验，以确认验电器良好。

验电必须戴绝缘手套。35 kV 以上的电气设备，在没有专用验电器的特殊情况下，可以使用绝缘棒代替验电器，根据绝缘棒端有无火花和放电声来判断有无电压。

3. 接地

当检验明确无电压后，应立即将检修设备接地并三相短路。这是工作人员在工作地点防止突然来电的可靠安全措施，同时设备断开部分的剩余电荷，亦可因接地而放尽。对于可能送电至停电设备的带电部分或可能产生感应电压的停电设备都要装设接地线，并应保证接地线挪动时仍符合安全距离的规定。

装设接地线必须两人进行。若为单人值班，只允许使用接地刀闸接地。装设接地线必须先接接地端，后接导体端，拆接地线的顺序相反。装拆接地线均应使用绝缘棒或戴绝缘手套。接地线应用多股裸软铜绞线，其截面不得小于 25 mm^2。接地线在每次装设前应经过检查，损坏的接地线应及时修理或更换。禁止使用不符合规定的导线作接地或短路用。接地线必须用专用线夹固定在导体上，严禁用缠绕的方法进行接地或短路。

4. 装设遮栏和悬挂标示牌

遮栏属于能够防止工作人员无意识过分接近带电体，而不能防止工作人员有意识越过它的一种防护装置。在部分停电检修和不停电检修时，应将带电部分遮栏起来，以保证检修人员安全。

标示牌的作用是提醒人们注意安全，防止出现不安全行为。例如：室外高压设备的围栏上应悬挂"止步，高压危险"的警告类标示牌；一经合闸即送电到被检修设备的开关操作手柄上应悬挂"禁止合闸，有人工作"的禁止类标示牌；在检修地点应悬挂"在此工作"的提示类标示牌。

工作人员在工作中不得拆除或移动遮栏及标示牌，更不能越过遮栏工作。

拓展阅读

2020 年我国电力系统人身伤亡事故情况统计

　　来自国家能源局消息，全国发生电力人身伤亡事故 36 起、死亡 45 人，事故起数同比增加 1 起，增幅 3%；死亡人数增加 5 人，增幅 13%，其中，电力生产人身伤亡事故 23 起，死亡 24 人，事故起数同比减少 6 起，降幅 21%，占事故总起数的 64%；死亡人数同比减少 8 人，降幅 32%，占死亡总人数的 53%；电力建设人身伤亡事故 13 起，死亡 21 人，事故起数同比增加 7 起，占事故总起数的 36%；死亡人数同比增加 13 人，占死亡总人数的 47%。2020 年省级行政区域（部分）事故情况统计如图 1-3 所示。发生较大以上电力人身伤亡事故的省级行政区域有湖南省、山西省；发生 3 起以上电力人身伤亡事故的省级行政区域有内蒙古自治区、宁夏回族自治区、吉林省、湖南省、广西壮族自治区；死亡人数 3 人以上的省级行政区域有湖南省、内蒙古自治区、宁夏回族自治区、山西省、吉林省。

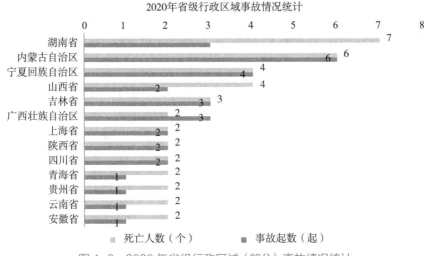

图 1-3　2020 年省级行政区域（部分）事故情况统计

　　按事故业主单位统计（见图 1-4），2020 年全国电力安全生产委员会企业成员单位发生电力人身伤亡事故 25 起，占全国电力人身伤亡事故起数的 69%，其中国家电网发生 2 起较大电力人身伤亡事故；发生 3 起以上电力人身伤亡事故的单位有国家能源集团、中国华能；死亡人数 3 人以上的单位有国家电网、国家能源集团、中国华能。

　　从人身伤亡事故死亡原因来看，2020 年人的不安全行为造成了 32 人死亡，物的不安全状态造成了 13 人死亡，占比关系如图 1-5 所示。

　　从事故类型来看（见图 1-6），事故发生起数占比排在前三的事故类型为高处坠落、触电和物体打击，其中高处坠落造成了 10 起事故，触电造成了 8 起事故，物体打击造成了 4 起事故。

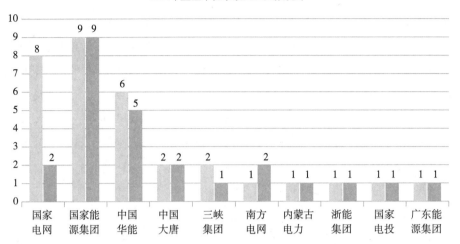

图 1-4 2020 年业主单位（部分）事故死亡人数统计

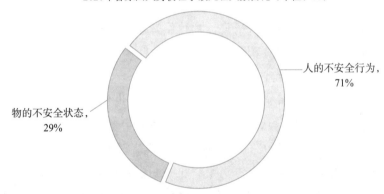

图 1-5 2020 年各原因人身伤亡事故死亡人数占比

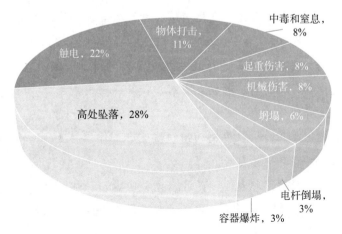

图 1-6 2020 年各类别人身伤亡事故起数占比

党的二十大报告中"安全"一词贯穿全篇，共出现了 91 次，创历届之最。报告明确指出，要统筹发展和安全，以新安全格局保障新发展格局，要推进安全生产风险专项整治，加强重点行业、重点领域安全监管，要着力化解系统性风险，加强风险动态管控，强化生产合理布局，对采掘接续紧张不报告、不落实限产或者停产措施、人为减少灾害治理工程、擅自缩减灾害治理时间、冒险组织生产的煤矿，坚决依法查处。要着力化解区域性风险，结合区域特点，精准研判重大安全风险，深挖根本性突出问题，深入攻坚。安全生产，是保证人民生产生活健康，保证国民经济高速发展的基本保障。

思考与练习

1. 电工的基本定义是什么？
2. 我国哪些法律法规对特种作业人员持证上岗提出明确要求？
3. 简述电气作业安全技术措施。

项目总结

本项目介绍了特种作业的分类及项目，特种作业相关的法律法规，低压、高压电工操作证的考核项目及学时要求、取证及复审规定，为以后取证上岗打下基础。

（1）特种作业是指容易发生事故，对操作者本人、他人的安全健康及设备、设施的安全可能造成重大危害的作业，目前包括 12 个类别、66 个操作项目（工种）。

（2）与特种作业相关的法律法规有《中华人民共和国安全生产法》《中华人民共和国矿山安全法》《安全生产许可证条例》《中华人民共和国消防法》等。

（3）特种作业人员操作资格考试分为安全生产知识考试和实际操作考试，满分为 100 分，80 分以上为合格。特种作业人员安全技术培训应在相应的培训机构进行，低压电工培训学时 148 学时，高压电工培训学时 154 学时，复审学时不低于 8 学时。特种作业操作证有效期为 6 年，每 3 年复审一次。

（4）电工作业是指对电气设备进行运行、维护、安装、检修、改造、施工、调试等作业（不含电力系统进网作业）。其中低压电工作业是指对 1 kV 以下的低压电气设备进行安装、调试、运行操作、维护、检修、改造施工和试验的作业；高压电工作业是指对 1 kV 及以上的高压电气设备进行运行、维护、安装、检修、改造、施工、调试、试验，以及对绝缘工、器具进行试验的作业。

（5）在电气设备上工作，保证安全的组织措施有工作票制度、工作许可制度、工作监护制度及工作间断、转移和终结制度。

（6）保证检修安全的技术措施主要是指停电、验电、挂临时接地线、设置遮栏和标示牌等须按操作票完成的各项技术措施，完成过程中应有人监护，操作时工作人员应配用相应电压等级的安全用具。

任务工单　特种作业高、低压电工操作票

任务名称		日期	
姓名		班级	
学号		实训场地	

一、安全与知识准备
在本任务实施前，请准备操作票。

二、计划与决策
请根据任务要求，分析工作场景，确认工作票中是否存在工作环境安全的描述及设备操作技术安全的描述。 1. 工作环境安全描述：   2. 设备作业中的安全措施描述：

三、任务实施
1. 操作票填写注意事项。 （1）确认操作票的书写是否规范。 （2）操作过程是否经过模拟确认。 （3）作业环境安全是否确认。 （4）操作安全措施是否确认。 （5）作业完毕后现场是否清理确认。

2. 在实施的过程中，是否存在一些安全隐患？请找出容易忽视的地方。

（1）现场围栏、标示牌是否规范。

（2）操作安全防护是否检查确认。

（3）操作工具是否经过检验。

（4）现场救援措施是否确认。

（5）现场管理安全是否合格。

3. 简述本任务的过程及注意事项。

（1）操作票的书写格式。

（2）操作票的管理。

四、检查与评估

根据完成本学习任务时的表现情况，进行同学间的互评。

考核项目	评分标准	分值	得分
团队合作	是否和谐	5	
活动参与	是否主动	5	
安全生产	有无安全隐患	10	
现场6S	是否做到	10	
任务方案	是否合理	15	
操作过程	1. 2. 3.	30	
任务完成情况	是否圆满完成	5	
操作过程	是否标准规范	10	
劳动纪律	是否严格遵守	5	
工单填写	是否完整、规范	5	
评分			

项目二

供配电系统的组成与特点

目标导航

知识目标

❶ 掌握供配电系统的基本组成与电力传输要求。

❷ 掌握电力系统的电压等级。

❸ 理解电力系统中性点的运行方式。

❹ 掌握低压配电系统的接地形式。

❺ 了解工厂供配电系统的组成与基本要求。

技能目标

❶ 能正确识读供配电系统图。

❷ 能现场正确识别供配电系统的接地方式。

❸ 能正确认知供配电系统的基本元件的功能。

素质目标

❶ 通过认识电力系统的逐级构成，正确理解局部与全局的关系。

❷ 通过学习电力系统的可靠性要求，保持严谨认真的求知态度。

项目概述

本项目主要介绍了电力系统的组成、电力系统的电压等级、电力系统中性点的运行方式和工厂供配电系统的组成。学习本项目时，应该把重点放在对供配电系统构成的理解以及掌握电力系统中性点的运行方式。

学生可在老师带领下参观学校供配电系统，有助于后面课程学习。

认识电力系统的组成及其电压等级

一、电力系统的组成

随着经济的高速发展，电力的应用无处不在，太阳能发电、风力发电与传统水力发电和火力发电成功并网，构成了复杂而可靠的供配电系统。由发电厂、电网和用户组成的统一整体称为电力系统。图 2-1 展示了电能的生产、输送、分配和使用过程。

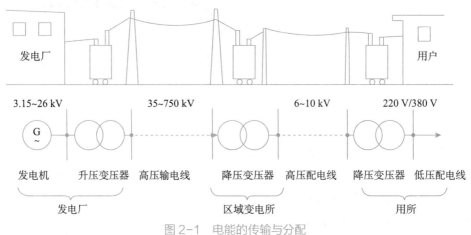

图 2-1　电能的传输与分配

大型电力系统如图 2-2 所示，即通过不同电压等级的电力线路，使发电厂、变电所和电力用户连接起来构成的一个发电、输电、变电、配电和用电的整体。发电厂和电力用户之间的输电、变电和配电的整体（包括所有变配电所和各级电压的线路）称为电网。

图 2-2　大型电力系统

电力系统各部分作用说明如表2-1所示。

表2-1 电力系统各部分作用说明

序号	环节	作用说明
1	发电厂	发电厂是产生电能的根源，分为水力发电厂、火力发电厂、核能发电厂、风力发电厂、地热发电厂、太阳能发电厂等多种类型
2	变电所	变电所的主要作用是接受电能、变换电压和分配电能 变电所的主要设备有电力变压器、母线和开关设备等，电力变压器分为升压变压器和降压变压器
3	电力线路	电力线路的功能是输送电能，可分为输电线路和配电线路。输电线路主要承担高电压远距离电能传输任务；配电线路主要承担电能的分配任务
4	电力用户	电力用户（电能用户）指耗能的电气设备。电力用户是电力系统的一部分，也是电力系统主要服务对象

二、电力系统的基本要求

1.可靠

供电的中断将造成生产停顿、生活混乱，甚至危及设备和人身安全，引起十分严重的后果，停电给国民经济造成的损失远超过电力系统本身的损失。因此，电力系统的运行首先必须满足安全可靠持续供电的要求。

2.优质

电压、频率、波形是衡量电能质量的基本指标。良好的电能质量是指电压正常，偏移不超过给定值，如额定电压的 $\pm 5\%$；频率正常，偏移不超过给定值，如额定频率的 $\pm 0.2 \sim 0.5$ Hz；波形不产生大的畸变，三相对称等。

3.经济

电能生产的规模很大，降低每生产一度电所消耗的能源和降低输送分配过程中的损耗有极重要的意义。系统的经济运行符合可持续发展战略，能更好地建立节约型社会。

4.环保

要实现电力系统与环境的和谐发展，减少污染。

三、电力系统的电压等级

电力系统中的所有设备都必须在特定的电压和频率下工作。我国三相交流电网和电力设备的额定电压（线电压）如表2-2所示。表2-2中变压器一、二次绕组的额定电压是依据我国电力变压器标准产品规格确定的。

表 2-2　我国三相交流电网和电力设备的额定电压（线电压）

用电设备的额定电压 /kV	交流发电机的额定电压 /kV	电力变压器的额定电压 /kV	
		一次绕组	二次绕组
0.38	0.40	0.38	0.40
0.66	0.69	0.66	0.69
3	3.15	3，3.15	3.15，3.3
6	6.3	6，6.3	6.3，6.6
10	10.54	10，10.5	10.5，11
—	13.8，15.75，18，20，22，24，26	13.8，15.75，18，20，22，24，26	—
35	—	35	38.5
66	—	66	72.5
110	—	110	121
220	—	220	242
330	—	330	363
750	—	750	825

注：1. 变压器"一次绕组"栏内 3.15 kV、6.3 kV、10.5 kV 的电压适用于和发电机端直接连接的变压器。

2. 变压器"二次绕组"栏内 3.3 kV、6.6 kV、11 kV 的电压适用于阻抗百分比在 7.5% 及以上的降压变压器。

电力系统的额定电压如无特殊说明，均为线电压。

1. 用电设备的额定电压

用电设备的额定电压就是电网的额定电压 U_N。

2. 线路的额定电压

线路的额定电压与用电设备的额定电压 U_N 相同，因此选用线路额定电压时只能参照设备规定的电压等级。

3. 发电机的额定电压

发电机的额定电压一般比同级电网的额定电压高出 5%，即 $1.05 U_N$，这是因为发电机一般都位于线路首端，需要补偿线路上的电压损失。

4. 变压器的额定电压

变压器的额定电压与变压器一、二次侧有关。变压器一、二次侧的确定是以电能传输的方向来定的，电能先到达的那侧即受功率侧为一次侧，后到达的那侧即输出功率侧为二次侧。

1）变压器一次侧额定电压

变压器一次侧额定电压按照"接谁同谁"的原则确定：一次侧接线路，则取线路额定电压 U_N；一次侧接发电机，则取发电机额定电压 $1.05 U_N$。

2）变压器二次侧额定电压

变压器二次侧额定电压通常取 1.1 U_N，其中 5% 用于补偿变压器满载供电时一、二次绕组上的电压损失，另外 5% 用于补偿线路的电压损失。

但在这两种情况下变压器二次侧额定电压取 1.05 U_N，一是变压器漏抗较小（变压器短路电压百分值 Uk%<7.5），二是变压器二次侧直接与用电设备相连。

关于分接头的补充说明：为了调节电压，双绕组变压器的高压侧绕组和三绕组变压器的高、中压侧绕组都设有几个分接头供选择使用。变压器的额定电压比是指主抽头的额定电压比；实际电压比是指实际所接分接头的额定电压比。

【例 2-1】如图 2-3 所示的电力系统，各级电网的额定电压已标注。

求：（1）电力系统各元件的额定电压；

（2）设变压器 T_1 工作于 +2.5% 抽头，T_2 工作于主抽头，T_3 工作于 −5% 抽头，求这些变压器的实际电压比。

说明：电力系统额定电压如无特殊说明，均为线电压。

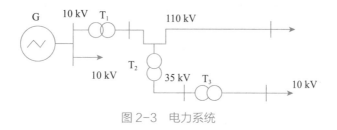

图 2-3　电力系统

解：（1）G：10.5 kV；T_1：10.5/121 kV；T_2：110/38.5 kV；T_3：35/11 kV

电力线路的额定电压与图 2-3 中所示各级电网的额定电压相同。

（2）T_1：KT_1=（1+0.025）× 121/10.5=124.025/10.5

T_2：KT_2=110/38.5

T_3：KT_3=（1-0.05）× 35/11=33.25/11

【例 2-2】图 2-4 中已经标明各级电网的电压等级，试写出图 2-4 中发电机和电动机的额定电压以及变压器的额定电压比；若变压器 T1 工作于 +2.5% 抽头，T_3 工作于 −5% 抽头，试写出 T1、T3 的实际电压比。

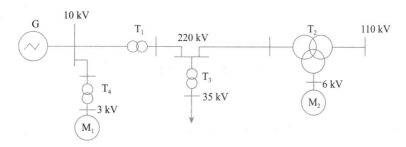

图 2-4　电力系统

解：G：10.5 kV；M_1：3 kV；M_2：6 kV

T_1：10.5/（220×1.1）=10.5/242

T_2：220/（110×1.1）/（6×1.05）=220/121/6.3

T_3：220/（35×1.1）=220/38.5

T_4：10.5/（1.05×3）=10.5/3.15

若变压器 T_1 工作于 +2.5% 抽头，T_3 工作于 –5% 抽头，T_1 的实际电压比为 10.5/（220×1.1×1.025）=10.5/248.05；T_3 的实际电压比为（220×0.95）/（35×1.1）=209/38.5。

任务二　了解电力系统中性点的运行方式

一、电力系统中性点运行方式的定义

电力系统中性点即发电机和变压器的中性点，其运行方式直接影响电网的绝缘水平、保护的配置、系统供电的可靠性和连续性、对通信线路的干扰，以及发电机和变压器的安全运行等。

二、中性点不接地的电力系统

中性点不接地的电力系统在正常运行时的电路图和相量图如图 2-5 所示，三相交流电正序为 U、V、W。我国非煤矿山等潮湿环境的电力系统一般采用中性点不接地的运行方式。

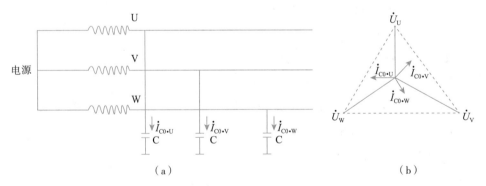

图 2-5　中性点不接地的电力系统在正常运行时的电路图和相量图

（a）电路图；（b）相量图

1. 系统正常运行时

系统正常运行时，三个相的相电压 U_u、U_v、U_w 是对称的，三相对地电容电流 I_{C0} 平衡，如图 2-5（b）所示。相量和为零，没有电流流进大地，各相的对地电压就是各相的相电压。

2.系统发生单相接地故障时

若 W 相接地，如图 2-6（a）所示。另外的 U、V 两相对地电压将由原来的相电压升高到线电压，即升高为原对地电压的 $\sqrt{3}$ 倍，如图 2-6（b）所示。系统的接地电流（电容电流）I_c 应为 U、V 两相对地电容电流的相量和。由图 2-6（b）的相量图可知，$I_c = 3 I_{C0}$，即一相接地的电容电流为正常运行时每相对地电容电流的 3 倍。

3.系统发生不完全接地时

当系统发生不完全接地（经一定的接触电阻接地）时，故障相对地电压值将大于零而小于相电压，而其他完好的两相的对地电压值则大于相电压而小于线电压，接地电容电流值也比完全接地时略小。此时三相用电设备正常工作不受影响，这种线路不允许在单相接地故障情况下长期运行（规定单相接地后带故障运行时间最长不超过 2h），因为如果再有一相发生接地故障，就会形成两相接地短路，这时的短路电流很大，这是绝对不允许的。因此，在中性点不接地的电力系统中，应装设专门的单相接地保护或绝缘监视装置。在系统发生单相接地故障时，单相接地保护装置给予报警信号，提醒供电值班人员注意，并及时处理。当单相接地故障危及人身安全或设备安全时，单相接地保护装置应动作于跳闸。

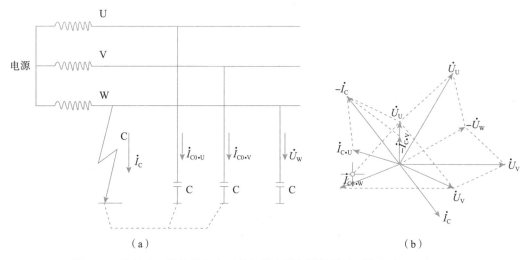

图 2-6　中性点不接地的电力系统在发生单相接地故障时的电路图和相量图
（a）电路图；（b）相量图

三、中性点经消弧线圈接地的电力系统

当中性点不接地系统发生单相接地短路时，若接地电流较大，则可能形成周期性闪弧，其值可以达到相电压 2.5 倍以上，会危及与接地点有直接电气连接的整个电网，造成绝缘较为薄弱的部位被击穿而发生两相短路。此时电源中性点必须采取经消弧线圈接地的运行方式。

我国 35 kV～60 kV 的高压电网大多采用中性点经消弧线圈接地的运行方式。若消弧线圈能正常运行，则其是消除因雷击等原因而造成瞬间单相接地故障的有效措施之一。图 2-7 所示为消弧线圈实物。

（a）　　　　　　　　　　　　　　　　　（b）

图 2-7　消弧线圈实物

（a）调匝式消弧线圈；（b）偏磁式消弧线圈

图 2-8 为电源中性点经消弧线圈接地的电力系统发生单相接地时的电路图和相量图。

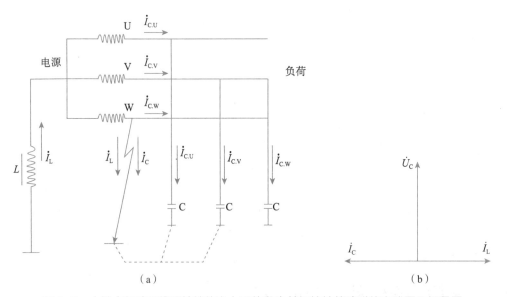

（a）　　　　　　　　　　　　　　　　　（b）

图 2-8　中性点经消弧线圈接地的电力系统发生单相接地故障时的电路图和相量图

（a）电路图；（b）相量图

当 W 相发生单相接地故障时（见图 2-8），流过接地点的电流是接地电容电流 I_c 与流过消弧线圈的电感电流 I_L 之和。从相位关系来看，由于 I_c 超前 U_c 90°，而 I_L 滞后 U_c 90°，

所以 I_L 与 I_c 在接地点互相补偿。当 I_L 与 I_c 的量值差小于发生电弧的最小起弧电流时，电弧就不会发生，从而也不会出现谐振过电压。

在中性点经消弧线圈接地的三相系统中，允许在发生单相接地故障时短时间内（一般规定不超过 2h）继续运行，此时保护装置应能及时发出单相接地报警信号通知值班人员处理故障。当单相接地故障危及人身和设备的安全时，保护装置应动作于跳闸。

中性点经消弧线圈接地的电力系统在发生单相接地故障时，其两相对地电压也要升高到线电压，即升高到原对地电压的 $\sqrt{3}$ 倍。

四、中性点直接接地或经低阻抗接地的电力系统

中性点直接接地的电力系统发生单相接地故障时的电路图如图 2-9 所示，由于其他完好的两相的对地电压不会升高至线电压，所以中性点直接接地系统对供电设备的绝缘只需按相电压考虑，这对 110 kV 及以上的超高压系统具有极高的经济价值。我国 110 kV 及以上的超高压系统通常都采取中性点直接接地的运行方式。在低压 220/380 V 的配电系统中，广泛采用的是 TN 系统（具体见项目七任务一），即中性点直接接地系统。

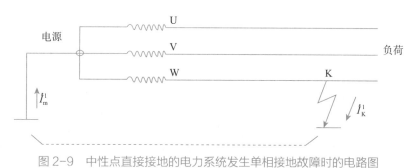

图 2-9　中性点直接接地的电力系统发生单相接地故障时的电路图

中性点经低阻抗接地的运行方式主要用于我国城市电网的电缆线路。它必须装设单相接地保护装置。当电网发生单相接地故障时，保护装置应动作于跳闸，迅速切断故障线路，同时系统的备用电源投入装置动作。启动备用电源，及时恢复对重要负荷的供电。

任务三　了解工厂供配电系统的组成

一、工厂供配电系统的组成

1. 工厂供配电系统架构

一般中型企业的电源进线电压是 10 kV。10 kV 高压进入高压配电所，将 10 kV 高压依次配送至各个车间变电所。车间变电所内装有电力变压器，将 10 kV 的高压变换为 220/380 V

的低压。若工厂拥有 10 kV 的高压用电设备，则由高压配电所直接以 10 kV 对其供电。

中型工厂供配电系统简图如图 2-10 所示，图中的高压配电所有四条高压配电出线，供电给三个车间变电所。其中，1 号车间变电所和 3 号车间变电所各装有一台配电变压器，而 2 号车间变电所装有两台配电变压器，并分别由两段母线供电，其低压侧又采用单母线分段制。因此，对重要的低压用电设备可由两段低压母线交叉供电。各车间变电所的低压侧均设有低压联络线并相互连接，以提高供电系统运行的可靠性和灵活性。此外，该高压配电所有两条高压配电线路，其中一条直接供电给一组高压电动机，另外一条高压配电线路直接与一组高压并联电容器相连。3 号车间变电所的低压母线上也连接一组低压并联电容器。这些并联电容器都是用来补偿系统的无功功率、提高功率因数的。

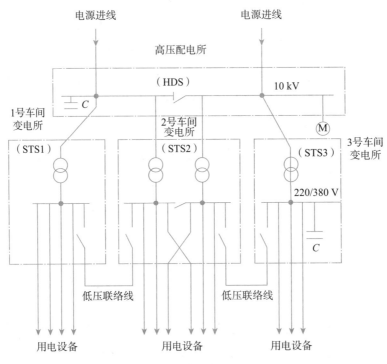

图 2-10 中型工厂供配电系统简图

2. 35 kV 及以上进线的大中型工厂供配电系统

对于大型工厂及某些电源进线电压为 35 kV 及以上的中型工厂，通常需要经过两次降压，先由总降压变电所的电力变压器将 35 kV 降为 6 kV ～ 10 kV 的配电电压，然后再将 6 kV ～ 10 kV 的高压送到各车间变电所，也有的经过高压配电所再送到车间变电所。车间变电所装有配电变压器，将 6 kV ～ 10 kV 的电压降为 220/380 V。具有总降压变电所的工厂供配电系统简图如图 2-11 所示。

3. 小型工厂供配电系统

对于小型工厂，其供电容量一般不大于 1000 kVA，因此通常只设置一个降压变电所，将 6 kV ～ 10 kV 电压降为 380/220 V 电压，如图 2-12（a）所示。若供电容量小于 160 kVA，一般采用 380/220 V 供电。

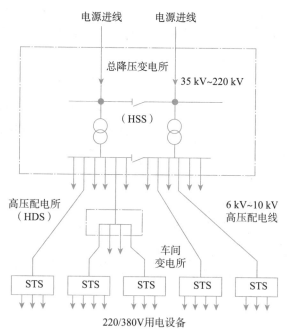

图 2-11　具有总降压变电所的工厂供配电系统简图

如果工厂所需容量不大于 160 kVA，则可采用低压电源进线，因此工厂只需设置一个低压配电间即可，如图 2-12（b）所示。

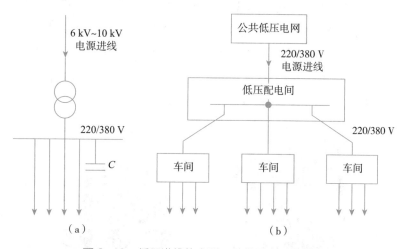

图 2-12　低压进线的小型工厂供配电系统简图

从以上分析可知，工厂供电中配电所的主要任务是接受和分配电能，不改变电压。而变电所的任务是接受电能、变换电压和分配电能。所以，工厂供配电系统是指从电源线路进厂到用电设备进线端的整个电路系统，包括工厂的变配电所和所有的高、低压供配电线路。

二、工厂供配电系统电压的选择

1. 工厂供电电压的选择

工厂供电电压的选择主要取决于当地电网的供电电压等级，同时还要考虑工厂用电设备的电压、容量和供电距离等因素。由于在相同的输送功率和相同的输送距离条件下，线路电压越高，线路电流就越小，因此线路采用的导线或电缆截面就越小，从而可减少线路的初期投资和有色金属消耗量，且可降低线路的电能损耗和电压损耗。

在我国供配电系统中，1 kV 以下的电压称为低压，1 kV 以上的电压称为高压，国家电网供电的额定电压（单位：kV）有 0.22、0.38、0.66、10、35、66、110、220、330、550、750。

2. 工厂高压配电电压的选择

工厂高压配电电压的选择主要取决于工厂高压用电设备的电压、容量、数量等因素。工厂采用的高压配电电压通常为 10 kV。若工厂拥有相当数量的 6 kV 用电设备，或者供电电源电压就是 6 kV，则可考虑采用 6 kV 作为工厂高压配电电压。若 6 kV 用电设备的数量不多，则应选择 10 kV 作为工厂高压配电电压，而 6 kV 高压设备则可通过专用的 10/6.3 kV 的变压器单独供电。

任务四 参观学校供配电系统

学校现有的供配电设备如图 2-13 所示。送电顺序为由 10 kV 高压进线，分配到高压变压器 10 kV/380 V/220 V，再由一级配电房依次分配给学校各个办公区的二级配电室，二级配电室再分配至各个教室及办公场所形成三级配电网，最终形成三级配电与二级漏电保护的供配电系统。学生通过现场参观，可对学校供配电系统有初步的了解，能认识和熟悉一些高、低压电气设备和相关的规章制度，从而提高安全用电的意识。根据具体条件，完成下列参观任务。

10 kV 高压架空线及户外变压器　　　　箱式变压器及低压配电系统

跌落式开关

高压断路器

避雷器

图 2-13　学校现有的供配电设备

一、参观学校变配电所及高、低压架空输电线路

1. 参观内容

参观内容为学校变配电所（包含户外变压器及箱式变压器）及高、低压架空输电线路。

2. 参观目的

（1）了解和熟悉学校变配电所的基本概况，认识不同的高压电气设备及高、低压架空输电线路的架设方式和要求。

（2）了解学校高压配电室、变压器室、低压配电室和电容器室等的布置。

（3）了解各开关柜的作用，能辨认变配电所电气设备的外形和名称。

（4）熟悉学校变配电所安全操作常识，了解 10 kV 配电线路的运行管理及相关规章制度。

（5）熟悉高、低压架空输电线路的结构、形式。

（6）初步尝试看学校变配电所图纸等资料。

（7）了解学校变配电所常用的操作工具、检修工具与仪表。

（8）了解学校变配电所运行值班人员的工作职责、工作程序、职业守则和规章制度等。

3. 参观方式

首先听取学校变配电所运行值班负责人或电气工程师介绍学校变配电所的基本概况，以及学校变配电所运行管理的规章制度和操作规程，特别是倒闸操作的基本要求和操作程序，然后由运行值班负责人或电气工程师带领学生参观高压配电室、低压配电室、变压器室等。

4. 参观注意事项

参观时一定要服从指挥，注意安全，未经许可不得进入禁区，决不允许摸、动任何开关按钮，严防发生意外。参观时必须穿工作服和绝缘鞋，戴安全帽，做好相应的安全措施。

二、参观学校低压配电系统

1. 参观内容

参观内容为学校三级低压配电系统，如图 2-14 所示。

低压断路器（一级配电）

教学楼配电（二级配电＋漏电保护）

干燥硅胶（蓝色）
教室配电（三级配电＋漏电保护）

教室用电设备

图 2-14　学校三级低压配电系统

2. 参观目的

（1）了解和熟悉学校低压配电系统的基本概况，认识各种低压电气设备，以及教学楼动力、照明线路的架设方式和要求。

（2）能正确分析学校低压配电系统的接地形式。

3. 参观方式

首先听取学校变配电所运行值班负责人或电气工程师介绍学校低压配电系统的基本概况，以及相关的规章制度和操作规程，特别是安全注意事项，然后由运行值班负责人或电气工程师带领参观学校低压配电系统。

4. 参观注意事项

参观时一定要服从指挥，注意安全，未经许可不得进入禁区，决不允许摸、动任何开关按钮，严防发生意外。参观时必须穿工作服和绝缘鞋，戴安全帽，做好相应的安全措施。

对于有条件的学校，还可带领学生参观大型室外变电所（站），或让学生到变配电所跟班实习3～4天，利于学生对学校供配电系统有比较全面深入地了解。

拓展阅读

了解我国配电网的发展

配电网是指从输电网或地区发电厂接受电能，并通过配电设施就地分配或按电压逐级分配给各类用户的电力网。配电网主要由架空线路、电缆、杆塔、配电变压器、隔离开关、无功补偿器等组成，在电力网中起重要的分配电能作用。配电网可分为高压配电网（35 kV～110 kV）、中压配电网（65 kV～10 kV）、低压配电网（220 V～380 V）。在负载率较大的特大型城市，也有220 kV配电电网。按供电区的功能可分为城市配电网、农村配电网和工厂配电网等。我国的能源互联网发展历经1970—2003年的概念孕育、2004—2013年的初步研究、2014—2016年的启航出发、2017—2019年的试点示范，以及2020年"双碳"目标到如今的多元化发展五个阶段。

配电网将成为新型电力系统建设的主战场，瞄准"双碳"战略目标的实现，配电网会发生重大变革，将通过设备层、网络层、平台层、应用层关键技术与装备的革新，转变为资源聚合、优化、交换，以及各利益主体平等交易的平台型基础设施，支撑现代能源体系的加速构建。

"双碳"目标正是响应党的二十大对推动绿色发展，促进人与自然和谐共生的要求。实现碳达峰、碳中和是一场广泛而深刻的经济社会系统性变革。立足我国能源资源禀赋，坚持先立后破，有计划分步骤实施碳达峰行动。深入推进能源革命，加强煤炭清洁高效利用，加大油气资源勘探开发和增储上产力度，加快规划建设新型能源体系，统筹水电开发和生态保护，积极安全有序发展核电，加强能源产供储销体系建设，确保能源安全。

思考与练习

1. 工厂供配电有哪些基本要求？
2. 电力系统由哪几个部分组成？
3. 我国电网的额定电压等级有哪些？
4. 说明工厂供配电系统的任务及主要组成。

5. 电力系统的部分接线如图 2-15 所示，各级电网的额定电压已标示于图中，设变压器 T_1 工作于 +2.5% 的抽头，T_2 工作于主抽头，T_3 工作于 -5% 抽头，这些变压器实际电压比是（　　）。

A. T_1: 10.5/124.025；T_2: 110/38.5；T_3: 33.25/11

B. T_1: 10.5/121；T_2: 110/38.5；T_3: 36.5/10

C. T_1: 10.5/112.75；T_2: 110/35；T_3: 37.5/11

D. T_1: 10.5/115.5；T_2: 110/35；T_3: 37.5/11

图 2-15　电力系统的部分接线

项目总结

本项目介绍了工厂供配电系统基本要求、电力系统的组成与要求以及电力系统的电压等级、电力系统中性点的运行方式、低压配电系统的接地形式和工厂供配电系统的构成，主要内容如下。

（1）工厂供配电系统的基本要求是保证供电安全可靠、良好的电能质量、灵活的运行方式，以及具有经济性和环保。

（2）电力系统是通过各级电压的电力线路，将发电厂、变配电所和电力用户连接起来的一个发电、输电、变电、配电和用电的整体。

（3）电力系统的电压包括电力系统中各种供电设备、用电设备和电力线路的额定电压。

（4）电力系统中性点的运行方式有中性点不接地、中性点经消弧线圈接地和中性点直接接地或经低阻抗接地。

（5）工厂供配电系统主要由外部电源系统和工厂内部变配电系统组成。一般中型工厂的电源进线电压是 6 kV ～ 10 kV。电能先经高压配电所分送至各个车间变电所，再由车间变电所将电压降为一般低压用电设备所需的电压。

任务工单　认识学校高、低压供配电系统

任务名称		日期	
姓名		班级	
学号		实训场地	

一、安全与知识准备
在本任务实施前，请准备操作票，并报请上级领导批准。操作票的内容：

二、计划与决策
请根据任务要求，确定所需要的检测仪器、工具，制定详细的作业计划。 1. 检测仪器与工具校验步骤：   2. 作业中的安全措施：

三、任务实施
1. 学校供配电系统构成认知。 （1）供配电系统的高压构成认知： （2）供配电系统低压构成认知：

2. 在实施的过程中，是否存在一些安全隐患？请找出容易忽视的地方。

（1）标识标牌：

（2）操作安全防护：

（3）设备防护：

（4）漏电防护：

（5）管理安全：

四、检查与评估

根据完成本学习任务时的表现情况，进行同学间的互评。

考核项目	评分标准	分值	得分
团队合作	是否和谐	5	
活动参与	是否主动	5	
安全生产	有无安全隐患	10	
现场 6S	是否做到	10	
任务方案	是否合理	15	
操作过程	1. 2. 3.	30	
任务完成情况	是否圆满完成	5	
操作过程	是否标准规范	10	
劳动纪律	是否严格遵守	5	
工单填写	是否完整、规范	5	
评分			

项目三
电力负荷及短路故障

目标导航 >

知识目标

❶ 掌握电力负荷的基本概念以及分类方法。

❷ 了解负荷曲线的概念以及与负荷曲线有关的物理量。

❸ 掌握短路的概念、原因、类型和后果。

技能目标

❶ 会判断电力负荷的种类。

❷ 会分析用电设备的工作制和负荷曲线。

❸ 会分析三相对称及不对称短路故障。

❹ 会判断、处理单相接地故障。

素质目标

❶ 通过学习电力负荷曲线的绘制，培养制定工作计划的方法和能力。

❷ 通过学习电力负荷的分类与要求，锻炼专业技术交流能力。

❸ 通过了解电力系统短路的严重后果，树立严谨认真的工作态度。

项目概述

本项目主要介绍电力负荷的基本概念、分类方法、用电设备的工作制以及供配电系统短路的定义、原因、类型及后果，为将来从事工厂供配电系统的运行、维护工作奠定坚实的基础。

认识电力负荷及负荷曲线

一、电力负荷的定义

电力负荷是指发电厂或电力系统中，在某一时刻所承担的各类用电设备消耗电功率的总和。因为各类用户的用电负荷不同，用电时间也不一致，而且电能不能大规模存储，所以在电力系统的运行管理中，就必须研究各种负荷的特性，否则无法保证电力系统的正常可靠供电和经济运行。

二、电力负荷的分类

1. 按物理性能划分

负荷按物理性能分为有功负荷和无功负荷。

（1）有功负荷：把电能转换为其他能量，并在用电设备中真实消耗掉的能量，单位为 kW。

（2）无功负荷：在电能输送和转换过程中需建立磁场或电场，也会消耗电能，如变压器、电容器、电动机等，单位是 kVar。

2. 按电能过程划分

负荷按电能的产、供、销过程分为发电负荷、供电负荷和用电负荷。

（1）用电负荷：用户的用电设备在某一时刻实际的功率之和。

（2）供电负荷：发电厂对外供电时所承担的全部负荷，也称上网负荷。

（3）发电负荷：供电负荷加上同一时刻发电厂的用电负荷，构成电网的全部发电负荷。

3. 按电力系统中负荷发生的时间划分

（1）高峰负荷：指电网或用户在一天24小时内所发生的最大负荷值。通常选一天24小时中用电量最高的一个小时的平均负荷为最高负荷。

（2）最低负荷：指电网或用户在一天24小时内发生的用电量最小的一个小时的平均用电量。

（3）平均负荷：指电网或用户在某一确定时间阶段内的平均小时用电量。

4. 按对供电可靠性的要求划分

1）一级负荷

符合下列情况之一时，应为一级负荷。

（1）中断供电将造成人身伤亡事故的。

（2）中断供电将在政治、经济上造成重大损失的。例如，重大设备损坏、重大产品报废、使用重要原料生产的产品大量报废、国民经济中重点企业的连续生产过程被打乱，需要长时间才能恢复。

（3）中断供电将影响具有重大政治、经济意义的用电单位正常工作的。例如，重要的交通枢纽、通信枢纽、大型体育场、经常用于国际政治活动的大量人员集中的公共场所等用电单位中的重要电力负荷。

在一级负荷中，当中断供电将发生中毒、爆炸和火灾等情况的负荷，以及特别重要的场所不允许中断供电的负荷，应视为特别重要的负荷。

2）二级负荷

（1）中断供电将在政治、经济上造成较大损失的。例如，主要设备损坏、大量产品报废、连续生产过程被打乱，需要较长时间才能恢复，导致重点企业大量减产。

（2）中断供电将影响重要用电单位正常工作的。例如，交通枢纽、通信枢纽、大型影剧院、大型商场等用电单位中的重要电力负荷就属于二级负荷，中断供电将造成这些有较多人员集中的重要公共场所秩序混乱。

3）三级负荷

不属于上述一、二级的其他电力负荷，如附属企业、附属车间和某些非生产性场所中不重要的电力负荷等。

三、不同负荷对供电电源的要求

1. 一级负荷的供电电源要求

一级负荷应由两个电源供电，当一个电源发生故障时，另一个电源可继续供电。一级负荷中特别重要的负荷，除由两个电源供电外，还应增设应急电源，并严禁将其他负荷接入应急供电系统。下列电源可作为应急电源：

（1）独立于正常电源的发电机组；

（2）供电网络中独立于正常电源的专用馈电线路；

（3）蓄电池；

（4）干电池。

根据允许中断供电的时间可分别选择下列应急电源：允许中断供电时间为15秒以上的，可选用快速自启动的发电机组；自动投入（自投）装置的动作时间能满足允许中断供电时间的，可选用带有自动投入装置的独立于正常电源的专用馈电线路；允许中断供电时间为毫秒级的，可选用蓄电池静止型不间断供电装置、蓄电池机械储能电机型不间断供电装置或柴油机不间断供电装置。应急电源的工作时间，应按生产技术上要求的停用时间考虑，当与自动启动的发电机组配合使用时，不宜少于10分钟。

2. 二级负荷的供电电源要求

二级负荷的供电系统，宜由两回路供电。当负荷较小或地区供电条件困难时，二级负荷可由一回路 6 kV 及以上专用的架空线路或电缆供电。当采用架空线路时，可为一回路架空线路供电；当采用电缆线路时，应采用两根电缆组成的线路供电，其每根电缆应能承受 100% 的二级负荷。

3. 三级负荷的供电电源要求

三级负荷对供电可靠性无特殊要求，一般采用单回路供电即可。但当容量较大时，根据电源的条件，也可采用双回路供电。

四、用电设备的工作制

用电设备种类繁多，用途各异，工作方式也不同，按其工作制不同可划分为如下三类。

1. 长期工作制

该类设备在规定的工作环境下长期连续运行时，设备的温度不会超过允许最高温度，其负荷比较稳定，如通风机、水泵、空气压缩机、电动发电机组、电炉和照明灯等。机床电动机的负荷一般变动较大，但其主轴电动机一般是连续运行的。

2. 短时工作制

在工作时间内，用电设备的温度尚未达到该负荷下的稳定温度就停歇冷却，在停歇时间内其温度又降低为周围工作环境温度，这是短时运行工作制设备的特点，如机床上的某些辅助电动机等。

3. 断续周期工作制

用电设备周期性地反复工作，时而工作，时而停歇，工作时间内设备温度升高，停歇时间内设备温度下降，且工作和停歇的时间都很短，周期一般不超过 10 分钟，如电焊机和起重机中的电动机等。

火电厂主要厂用负荷

建筑电气负荷等级

五、负荷曲线

负荷曲线是表征电力负荷随时间变动情况的一种图形，可以直观地反映用户用电的特点和规律。负荷曲线绘制在直角坐标系上，纵坐标表示负荷大小（有功功率或无功功率，单位：kW 或 kVar），横坐标表示对应的时间（单位：h）。

负荷曲线按负荷的功率性质不同，分为有功负荷曲线和无功负荷曲线；按时间单位的不同，分为日负荷曲线和年负荷曲线；按负荷对象不同，分为全厂的、车间的或某类设备的负荷曲线；按绘制方式不同，分为依点连成的负荷曲线和依点绘成阶梯形的负荷曲线。下面以日有功负荷曲线和年负荷曲线为例进行介绍。

1. 日有功负荷曲线

日有功负荷曲线代表负荷在一昼夜间（0～24 h）的变化情况。图 3-1 是一班制工厂的日有功负荷曲线。其中，图 3-1（a）是依点连成的负荷曲线，图 3-2（b）是依点绘成阶梯形的负荷曲线。

为计算方便，负荷曲线多绘成阶梯形，其时间间隔取得愈短，曲线愈能反映负荷的实际变化情况。横坐标一般按 30 分钟（0.5 h）来分格，以便确定 30 分钟的最大负荷（即计算负荷 P_{30}）。

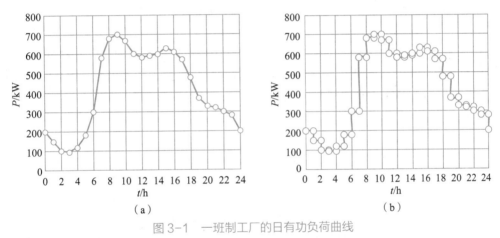

图 3-1　一班制工厂的日有功负荷曲线

（a）依点连成的负荷曲线；（b）依点绘成阶梯形的负荷曲线

2. 年负荷曲线

年负荷曲线反映负荷全年（按 8760 h 计）的变化情况，如图 3-2 所示。

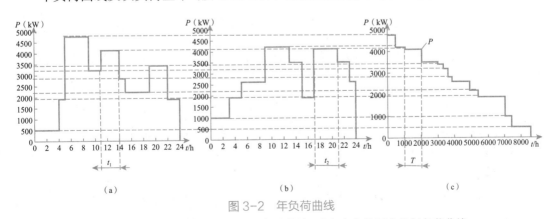

图 3-2　年负荷曲线

（a）夏季日负荷曲线；（b）冬季日负荷曲线；（c）南方某用户的年负荷曲线

年负荷曲线又分为年运行负荷曲线和年持续负荷曲线。年运行负荷曲线可根据全年日负荷曲线间接制成。年持续负荷曲线的绘制，要借助一年中有代表性的夏季日负荷曲线［见图 3-2（a）］和冬季日负荷曲线［见图 3-2（b）］。通常用年持续负荷曲线来表示年负荷曲线。其中夏季和冬季在全年的天数视地理位置和气温情况而定。一般在北方，近似认为冬季 200 天，夏季 165 天；在南方，近似认为冬季 165 天，夏季 200 天。图 3-2（c）是南方某用户的年负荷曲线。P 在年负荷曲线上所占用的时间 $T=200t_1+165t_2$。

六、与负荷曲线有关的物理量

1. 年最大负荷和年最大负荷利用小时

年最大负荷 P_{max}（从年持续负荷曲线获取）：指全年中负荷最大的工作班内 30 分钟平均功率的最大值。

$$P_{max} = P_{30}$$

年最大负荷利用小时 T_{max}：在 T_{max} 时间内，用户以年最大负荷持续运行所消耗的电能恰好等于全年实际消耗的电能（用 W_a 表示），这段时间就是年最大负荷利用小时。年最大负荷和年最大负荷利用小时如图 3-3 所示。

$$T_{max} = \frac{W_a}{P_{max}}$$

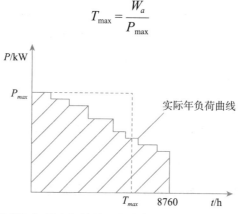

图 3-3　年最大负荷和年最大负荷利用小时（阴影部分为全年实际消耗电能 W_a）

年负荷曲线越平坦，T_{max} 越大；年负荷曲线越陡，T_{max} 越小。T_{max} 与生产班制和用户的性质有关。

例如，一班制工厂，T_{max} 约为 1800 ～ 3000 h；两班制工厂，T_{max} 约为 3500 ～ 4800 h；三班制工厂，T_{max} 约为 5000 ～ 7000 h，居民用户 T_{max} 约为 1200 ～ 2800 h。

2. 平均负荷和负荷系数

1）平均负荷

平均负荷（P_{av}）是指电力负荷在一定时间 t 内消耗的功率的平均值，年平均负荷如图 3-4 所示。

$$P_{av} = \frac{W_t}{t}$$

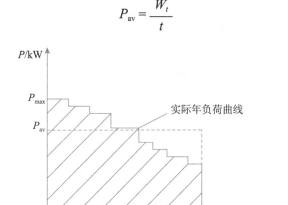

图3-4 年平均负荷（阴影部分表示全年实际消耗的电能 W_a）

$$P_{av} = \frac{W_a}{8760}$$

2）负荷系数

负荷系数（K_L）也称负荷率，指平均负荷与最大负荷的比值，表征负荷曲线不平坦的程度，越接近1，负荷越平坦，可分为有功负荷系数 K_{aL} 和无功负荷系数 K_{rL}，即

$$K_{aL} = \frac{P_{av}}{P_{max}}, \quad K_{rL} = \frac{Q_{av}}{Q_{max}}$$

也可用 α 表示有功负荷系数，用 β 表示无功负荷系数。一般工厂的 α=0.7 ～ 0.75，β= 0.76 ～ 0.82。

提高负荷系数，可充分发挥供电设备的供电能力，提高供电效率。对单个用电设备或用电设备组来说，负荷系数是指设备的输出功率 P 和设备额定容量 P_N 的比值，说明设备容量是否被充分利用。

任务二 了解电力系统短路故障危害与防护

电力系统应该正常不间断地供电，以保证用户生产和生活的正常进行。但是当发生短路故障时，会破坏电力系统正常运行，从而影响用户的生产和生活。

一、短路的概念

短路是指电力系统中相与相之间或相与地之间，通过电弧或其他较小阻抗形成的一种非正常连接。电力系统中发生短路的原因有多种，归纳如下。

（1）电气设备绝缘损坏。其原因有设计不合理、安装不合格、维护不当等，还有外界原因，如架空线断线、倒杆、挖沟时损坏电缆、雷击或过电压等。

（2）运行人员误操作。如带负荷拉合隔离开关（刀闸）、带地线合闸、将带地线的设备投入等。

（3）其他原因。如鸟兽跨接导体造成短路等。

二、短路的类型

电力系统短路的基本类型：三相短路、两相短路、单相接地短路、两相接地短路等。短路故障示意图和代表符号如表 3-1 所示，其中三相短路为对称短路，其他为不对称短路。

表 3-1　短路故障示意图和代表符号

短路类型	示意图	代表符号
三相短路		$k^{(3)}$
两相短路		$k^{(2)}$
单相短路		$k^{(1)}$
两相接地短路		$k^{(1.1)}$

运行经验和统计数据表明，电力系统中各种短路故障发生的概率是不同的，其中发生三相短路的概率最小，发生单相接地短路的概率最大。

三、短路的后果

电力系统发生短路故障后，电流急剧增加，比正常工作电流要增加几十倍甚至几百倍。而且短路故障时间越长，对电气设备和电力系统的损坏越严重。短路的后果包括但不限于如下几种。

（1）短路时会产生很大的电力和很高的温度，使短路电路中元件受到损坏和破坏，甚至引发火灾事故。

（2）短路时电路的电压骤降，将严重影响电气设备的正常运行。

（3）短路时保护装置动作将故障电路切除，从而造成停电，而且短路点越靠近电源，停电范围越大，造成的损失也越大。

（4）严重的短路还影响电力系统运行的稳定性，可使并列运行的发电机组失去同步，造成系统解列。

（5）不对称短路将产生较强的不平衡交变电磁场，对附近的通信线路、电子设备等产生电磁干扰，影响其正常运行，甚至使之发生误动作。

四、预防电力系统短路的措施

针对人为因素导致的短路，在供电线路设计之初，就应该做好短路电流的计算，正确选择及校验电气设备，使电气设备的额定电压和线路的额定电压相符。线路中必须采用速断保护装置，以便在发生短路故障时能快速切断，减少短路电流持续时间，减小短路所造成的损失。

针对设备质量因素，除了选用合格的电气设备和绝缘材料外，还应该对易损耗、老化的部件进行定期的检查与更换，以杜绝因绝缘强度降低导致的短路事故。

针对天气因素，如预防雷击等，主要采取的措施有在工厂变电站安装避雷针；在线路上加装避雷线，减少直击雷导致的相间短路；加装耦合地线，减少感应雷引起的故障，最终减少雷击危害。

针对异物因素，需要在一切安全距离较小的 T 接杆、转角杆、隔离刀闸以及跌落开关的位置进行绝缘化改造，将距离保持在安全范围之内，尽可能将出现导线短路的可能性降到最低。

拓展阅读

错峰用电　自建储能

2021 年 7 月 26 日，国家发展改革委印发《关于进一步完善分时电价机制的通知》，其中最引人关注的一条：合理确定峰谷电价价差，上年或当年预计最大系统峰谷差率超过 40% 的地方，峰谷电价价差原则上不低于 4∶1，其他地方原则上不低于 3∶1。

电能无法大规模存储，生产与消费需要实时平衡。据统计，各地夏季最热、冬季最冷时段的全年累计时间普遍低于 60 个小时，但对应的尖错峰用电电力需求可较平时高出 1 亿千瓦以上。为了短短数十小时的尖峰用电，往往要投入大规模的输电、配电、发电资源给予保障，电力系统运行效率和经济性受到影响。

进一步完善分时电价机制，特别是优化峰谷电价机制，出台尖峰电价机制有利于充分发挥电价信号作用，引导用户错峰用电，保障电力系统安全稳定运行，降低经济社会运行成本。同时，利用价差空间，低电价时充电、高电价时放电，也为抽水蓄能、新型储能的发展创造了更大空间，这对促进风电、光伏发电等新能源发展、有效消纳，以及实现碳达峰、碳中和目标具有积极意义。

党的二十大提出要推动能源消费革命，抑制不合理能源消费。错峰用电对于有效落实节能优先方针，把节约、集约利用能源资源贯穿于经济社会发展全过程、各领域和各环节，树立勤俭节约的消费观，加快形成能源节约型社会。

思考与练习

1.电力负荷的分类方法有哪些？

2.工厂用电设备的工作制分为哪几类？各有哪些特点？

3.什么是年最大负荷利用小时、年最大负荷、年平均负荷和负荷系数？它们对于工厂供配电系统的运行有哪些意义？

4.什么是短路？短路产生的原因有哪些？它对电力系统有哪些危害？如何预防短路故障？

5.发生单相接地故障的原因和现象是什么？

项目总结

（1）电力负荷是指在某一时刻各类用电设备消耗电功率的总和。按物理性能可分为有功负荷和无功负荷；按电能的生产过程可分为发电负荷、供电负荷和用电负荷；按负荷发生的时间可分为高峰负荷、最低负荷、平均负荷；按供电可靠性的要求可分为一级负荷、二级负荷、三级负荷。

（2）一级负荷应由两个电源供电；二级负荷的供电系统，宜由两回路供电；三级负荷一般采用单回路供电即可。

（3）用电设备按工作制不同可划分为长期工作制、短时工作制和断续周期工作制。

（4）负荷曲线是表征电力负荷随时间变动情况的一种图形，它分为日负荷曲线、年负荷曲线等。

（5）短路是电力系统中最常见、最严重的一种故障。短路发生的主要原因是系统中某一部分的绝缘损坏。短路的形式主要有三相短路、两相短路、单相接地短路和两相接地短路，发生单相接地短路的概率最大。我们应避免发生短路事故，其措施有正确选择及校验电气设备、定期地检查与更换绝缘易老化部件、安装避雷针、保持安全距离等。

任务工单　工厂供配电系统单相接地故障的处理

任务名称		日期	
姓名		班级	
学号		实训场地	

一、安全与知识准备

着装要求：穿绝缘靴、戴绝缘手套。

知识准备：

1. 地线是指 _____。

2. 地线的符号是 _____，按我国现行标准一般地线是 _____ 颜色。如果是三孔插座，左边是 _____ 线，中间（上面）是 _____ 线，右边是 _____ 线。

3. 单相接地故障是指 _____。

4. 当配电网发生单相接地故障时，不需要立即切除故障，可运行时间不超过 _____ h。

二、计划与决策

1. 小组人员任务描述。

2. 根据单相接地故障的典型特征，制订快速定位接地故障点的方案。

三、任务实施

1. 填写下列表格。

观察现象	具体事项	情况记录	判断结果
中央信号	1. 是否有蜂鸣器响		
	2. "某千伏某段母线接地"光字牌是否发亮		
	3. 中性点经消弧线圈接地系统，"消弧线圈动作"光字牌是否发亮		
绝缘监察电压表指示	1. A 相电压表是否降低，指针是否有摆动		
	2. B 相电压表是否降低，指针是否有摆动		
	3. C 相电压表是否降低，指针是否有摆动		
中性点位移电压表指示	1. 是否有电压值		
	2. 中性点经消弧线圈的接地报警灯是否亮		
弧光接地	电压互感器高压保险丝是否熔断		

续表

2. 按步骤写出处理单相接地故障的方法。

四、检查与评估

根据完成本学习任务时的表现情况，进行同学间的互评。

考核项目	评分标准	分值	得分
团队合作	是否和谐	5	
活动参与	是否主动	5	
安全生产	有无安全隐患	10	
现场 6S	是否做到	10	
任务方案	是否合理	15	
操作过程	1. 2. 3.	30	
任务完成情况	是否圆满完成	5	
操作过程	是否标准规范	10	
劳动纪律	是否严格遵守	5	
工单填写	是否完整、规范	5	
评分			

项目四

供配电系统部件的工作原理与维护

目标导航

知识目标

❶ 掌握高压电气设备的功能、结构和工作原理,熟悉高压电气设备的维护项目。

❷ 掌握电力变压器的型号、联结组别。

❸ 掌握电力变压器台数和容量选择的原则,熟悉电力变压器的维护项目。

❹ 掌握低压电气设备的功能、结构和工作原理,熟悉低压电气设备的维护项目。

技能目标

❶ 能够正确识别和维护常用的高、低压电气设备。

❷ 能够正确维护高、低压电气设备和电力变压器。

❸ 能够测量电力变压器的绝缘电阻。

素质目标

❶ 通过学习电气部件结构,养成科学求实的工作作风。

❷ 通过使用仪表测试电气部件的端子功能,培养解决电路故障的能力。

❸ 通过学习变压器连接组别的判断,培养获取新知识、新技能的能力。

项目概述

为了实现工厂变配电所的输电、变电和配电的功能,在工厂变配电所中,必须把各种电气设备按一定的接线方案连接起来,组成一个完整的供配电系统。在这个系统中担负输送、变换和分配电能任务的电路称为主电路,也叫一次电路(一次回路);用来控制、指示、监测和保护主电路及主电路中设备运行的电路称为二次电路(二次回路)。相应地,工厂变配电所中的电气设备也分成两大类:一次电路中的所有电气设备,称为一次设备或一次元件;二次电路中的所有电气设备,称为二次设备或二次元件。

本项目主要介绍一次回路中常用的高压一次设备、电力变压器和低压一次设备的功能、结构、工作原理等基础知识,以及电气设备维护的基础知识,为后续开展变配电所高、低压电气设备和电力变压器的运行与维护工作打下基础。

掌握高压电气部件的工作原理与维护

高压电气部件一般是指用于交流电压 1200 V（直流电压 1500 V）及以上变配电设备上的电器。常见的高压电气部件包括高压熔断器、高压隔离开关、高压负荷开关、高压断路器、高压开关柜、电力电容器、电压互感器、电流互感器和母线等。

一、高压熔断器

1. 高压熔断器的工作原理和分类

高压熔断器是利用金属导体作为熔体串联于电路中，当过载或短路电流通过熔体时，因其自身发热而熔断，从而切断电路的一种电器。高压熔断器的主要功能是短路时对电路中的设备进行保护，有时也可做过负荷保护。高压熔断器通常由熔体、熔管、灭弧介质、触点、支柱绝缘子和底座组成。

按使用场合可分为户内型和户外型两种。户内型包括以 RN1 型为典型代表的设计序号为奇数系列的熔断器，用于 3 kV ~ 35 kV 的电力线路和电气设备的过载和短路保护；以 RN2 型为代表的设计序号为偶数系列的熔断器（见图 4-1），用于对高电压互感器的过载及短路保护，其额定电流很小，即 I_N=0.5 A。户外型包括跌落式熔断器（如 RW4 型，见图 4-2），主要用于 3 kV ~ 35 kV 的线路和变压器的过载和短路保护；支柱式高压熔断器（如 RW10 型），用于 35 kV 电气设备保护，熔断后不能自动跌开，更无可见的断开间隙。

图 4-1 RN2 型户内型高压管式熔断器

图 4-2 RW4 型户外型高压跌落式熔断器

2. 高压跌落式熔断器的维护

1）合理选择跌落式熔断器

（1）10 kV 跌落式熔断器适用于环境空气无导电粉尘、无腐蚀性气体及易燃、易爆气体等，年度温差变化比在 ±40 ℃以内的户外场所。

（2）熔断器的额定电压必须与被保护设备（线路）的额定电压相匹配，熔断器的额定电流应大于或等于熔体的额定电流，而熔体的额定电流可选为额定负荷电流的 1.5 ～ 2 倍。

（3）应按被保护系统三相短路容量对所选定的熔断器进行校验。

2）正确安装跌落式熔断器

（1）10 kV 跌落式熔断器安装在户外，相互间隔距离应大于 0.7 m，且牢固可靠地安装在离地面垂直距离不小于 4 m 的横担（构架）上，不能有任何的晃动现象。若安装在配电变压器上方，应与其最外轮廓边界保持 0.5 m 以上的水平距离，以防熔管掉落引发其他事故。

（2）安装时应将熔体拉紧，否则容易引起触头发热。所使用的熔体必须是正规厂家的标准产品，并具有一定的机械强度。

（3）熔管应有向下 25°（±2°）的倾角，熔管的长度应调整适中，要求合闸后鸭嘴舌能扣住触头长度的三分之二以上，熔管亦不可顶死鸭嘴。

3）正常合理操作跌落式熔断器

在电网 10 kV 配电线路分支线和额定容量小于 200 kVA 的配电变压器上允许按照下列要求带负荷操作。

（1）操作时由两人进行（一人监护，一人操作），必须戴经试验合格的绝缘手套，穿绝缘靴，戴护目眼镜，使用和电压等级相匹配的合格绝缘棒操作，在雷电或者大雨的气候下禁止操作。

（2）停电操作时，一般规定先拉断中间相，再拉断背风的边相，最后拉断迎风的边相。送电时，操作顺序与拉闸时相反，先合上迎风边相，再合上背风的边相，最后合上中间相。

（3）操作时不可用力过猛，以免损坏熔断器，且分、合必须到位。合好后要仔细检查鸭嘴舌能紧紧扣住触头长度的三分之二以上。

二、高压隔离开关

1. 高压隔离开关的工作原理与分类

高压隔离开关是高压开关电器中最常见的一种电器，其作用是断开无负荷电流的电路。高压隔离开关没有专门的灭弧装置，不能切断负荷电流和短路电流，通常与断路器配合使用。

高压隔离开关通常由本体、驱动机构、触头、绝缘支撑和操作机构等部分组成。当操作机构旋转或拉动时，驱动机构将动能转换为机械能，触头进行接通或断开操作。同时，高压隔离开关的表面和内部都采用了高强度的绝缘材料，以保证在高压状态下的绝缘性能和耐电弧能力。

户内式高压隔离开关通常采用 CS6 型（C 表示操作机构，S 表示手动，6 为设计序号）手动操作机构进行操作，如图 4-3 所示。而户外式高压隔离开关大多通过高压绝缘操作棒进行操作，也有部分通过杠杆传动的手动操作机构进行操作，如图 4-4 所示。

图 4-3　CS6 型户内式高压隔离开关　　　图 4-4　GW5-35 户外式高压隔离开关

2. 高压隔离开关的维护

（1）操作前应确保断路器在分闸位置，以防带负荷拉合隔离开关。

（2）操作中，如发现绝缘支撑严重破损、隔离开关传动杆严重损坏等严重缺陷时，不得开展操作。

（3）如果隔离开关有声音，应查明原因，否则不得硬拉、硬合。

（4）隔离开关、接地开关和断路器之间安装有防误操作的闭锁装置时，倒闸操作一定要按顺序开展。如倒闸操作被闭锁不能操作时，应查明原因，正常情况下不得随意解除闭锁。

（5）如果确实因闭锁装置失灵而造成隔离开关和接地开关不能正确操作，必须严格按闭锁要求的条件，检查相应的断路器和隔离开关的位置状态，只有在核对无误后才能解除闭锁，开展操作。

三、高压负荷开关

1. 高压负荷开关的工作原理与分类

高压负荷开关是一种用于控制高压电路的开关装置，常与高压熔断器配合使用，能通断一定的负荷电流和过负荷电流。它的主要作用是用高压熔断器的限流功能，在完成开断电路时，可显著减轻短路电流引起的热和电动力的作用。

高压负荷开关的主要部件包括气体绝缘开关、电磁铁、控制电路和机械传动装置等。其工作原理：当控制电路通电时，电磁铁会产生磁场，吸引气体绝缘开关的动触头使其与静触头接触，从而闭合开关；当控制电路断电时，电磁铁的磁场消失，动触头会受到弹簧力的作用与静触头分离，从而断开开关。在开关闭合和断开的过程中，机械传动装置会将电磁铁的运动转化为开关的运动，以实现开关的闭合和断开。

高压负荷开关的类型较多，按灭弧介质的不同可分为产气式高压负荷开关、压气式高压负荷开关（见图 4-5）、充油式高压负荷开关、真空式高压负荷开关（见图 4-6）及六氟化硫式高压负荷开关（见图 4-7）等。

图 4-5　压气式高压负荷开关　　　图 4-6　真空式高压负荷开关　　　图 4-7　六氟化硫式高压负荷开关

2. 高压负荷开关的维护

（1）高压负荷开关只能切断和接通规定的负荷电流，一般不允许在短路情况下操作。

（2）高压负荷开关操作到一定次数后，将逐渐损伤灭弧腔，使灭弧能力降低，甚至不能灭弧，造成接地或相间短路事故。因此，必须定期停电检查灭弧腔的完好情况。

（3）当高压负荷开关与高压熔断器组合使用时，高压熔断器的选择应考虑在故障电流大于负荷开关的开断能力时，必须保证熔体先熔断，然后负荷开关才能分闸；当故障电流小于负荷开关的开断能力时，则由负荷开关开断，熔体不熔断。

（4）检查负荷开关刀闸接触部分有无过热现象。

（5）检查绝缘子、拉杆等表面有无尘垢、裂纹、缺损及闪络痕迹。

（6）对于油浸式负荷开关要检查油面，缺油时要及时加油，以防操作时引起爆炸。

（7）辅助开关触点使用一段时间后，宜将其动静触点的电源极性交换，以减少触点上由于金属迁移而形成的凹坑和尖峰，从而延长其寿命。

（8）若用真空式负荷开关控制高压电动机或容量较大的变压器时，常常会产生很高的过电压，会造成高压电动机或变压器的损坏，此时，真空式负荷开关必须同时配用 RC 吸收器，以限制操作过电压。

四、高压断路器

1. 高压断路器的工作原理与分类

高压断路器主要用于切断电流，保证电气设备的安全工作和维护系统的稳定运行。当电路发生短路、过载、接地等故障时，高压断路器能够快速切断电路，防止电气设备受损甚至发生爆炸，保护人身和电气设备的安全。

高压断路器的工作原理是依靠开关电触头和隔离触头的移动切断电路中的电流。在正常情况下，电路中的电流通常会在电触头间形成电弧，在高压断路器中，电弧会被强制熄灭以保护人身和电气设备安全。

高压断路器按结构和功能分类有很多种，如普通断路器、万能断路器、气体断路器、高压少油断路器、油浸式断路器、户外高压六氟化硫断路器、真空断路器等，部分断路器如图 4-8 至图 4-10 所示。

图 4-8　高压少油断路器　　图 4-9　真空断路器（ZW32-12G）　　图 4-10　户外高压六氟化硫断路器

2. 高压断路器的维护

1）基本维护内容

（1）不带电部分须定期清扫。

（2）配合其他设备的停电机会，进行传动部位检查，清扫绝缘子积存的污垢及处理缺陷。

（3）按设备使用说明书规定对机构添加润滑油。

（4）油浸式断路器根据需要补充油或放油，处理放油阀渗油。

（5）气体断路器储气罐及工作母管须定期排污，空气压缩机须定期换油及添油。

（6）检查合闸熔丝是否正常，核对容量是否相符。

2）六氟化硫断路器的运行维护内容

（1）新装六氟化硫断路器投运前必须复测断路器本体内部气体的含水量和漏气率。

（2）运行中的六氟化硫断路器每三年应测量一次 SF_6 气体含水量，新装或大修后，每两年测量一次，待含水量稳定后可每三年测量一次。

（3）新装或投运的六氟化硫断路器内的 SF_6 气体严禁向大气排放，必须使用 SF_6 气体回收装置回收。

（4）六氟化硫断路器需要补气时，应使用检验合格的 SF_6 气体。

3）真空断路器的运行维护内容

（1）高压开关柜应保持防潮、防尘，防止小动物进入。

（2）应经常保持断路器室的清洁，特别应注意及时清理绝缘子、绝缘杆和其他绝缘件的尘埃。

（3）凡是活动摩擦的部位均应定期检查，保持有干净的润滑油，使操作机构动作灵活，减少机械磨损。

（4）所有的紧固件均应定期检查，防止松脱。

五、成套电气装置

1. 成套电气装置的工作原理与分类

目前变电所3 kV～10 kV配电设备及低压配电设备多采用成套电气装置。成套电气装置按主接线要求，将各种一次电气元件以及控制、测量、保护等装置按顺序连接、组装在由金属框架构成的柜体中。成套电气装置可分为高压成套电气装置（即高压开关柜）及低压成套电气装置（含配电屏、柜、箱）两大类。KYN28-12高压开关柜如图4-11（a）所示，进/出线柜基本结构剖面如图4-11（b）所示。

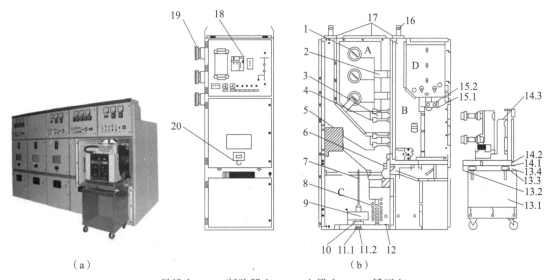

（a）　　　　　　　　　　　　　　　（b）

A—母线室；B—断路器室；C—电缆室；D—低压室；

1—母线；2—绝缘子；3—静触头；4—触头盒；5—电流互感器；6—接地开关；7—电缆终端；

8—避雷器；9—零序电流互感器；10—电缆夹；11.1—电缆密封圈；11.2—连接板；12—接地排；

13.1—运输小车；13.2—导向杆；13.3—调节轮；13.4—锁杆；14.1—滑动把手；14.2—锁键；

14.3—断路器手车；15.1—二次插头；15.2—联锁杆；16—起吊吊环；17—压力释放板；

18—控制和保护单元；19—穿墙套管；20—丝杠机构操作孔。

图4-11　KYN28-12高压开关柜

（a）高压开关柜；（b）进/出线柜基本结构剖面

2. 高压开关柜的维护（以 KYN28-12 为例）

1）高压带电显示装置维护

（1）测量显示单元输入电压时，如输入电压正常，则为显示单元故障；如输入电压不正常，则为感应器故障，应联系检修人员处理。

（2）高压带电显示装置更换显示单元或显示灯前，应断开装置电源，并检测确无工作电压。

（3）接触高压带电显示装置显示单元前，应检查感应器及二次回路是否正常，确保无接近、触碰高压设备或引线的情况。

2）暂态地电压局部放电检测

高压开关柜"五防"是什么？

（1）暂态地电压局部放电检测周期：至少一年一次，结合迎峰度夏（冬）开展。

（2）新投运和解体检修后的设备，应在投运后 1 个月内进行一次运行电压下的检测。

（3）检测前应检查开关柜设备上无其他作业，开关柜金属外壳应清洁并可靠接地。

（4）检测中应尽量避免干扰源（如气体放电灯、排风系统电机）等带来的影响。雷电天气时禁止进行检测。

（5）测试现场出现明显异常情况时（如异音、电压波动、系统接地等），应立即停止测试工作并撤离现场。

六、电力电容器

1. 电力电容器的工作原理与分类

电力电容器是低压配电系统中常见的电器元件，主要功能是向电网提供无功功率，减少感性用电设备向电网索取的无功功率，降低供电过程中的无功损耗。

在无功补偿元件中通常会用到并联电容器和串联电容器。并联电容器广泛应用于电力系统中，可以改善电力因数、降低电力系统损耗、提高供电质量和电压稳定性，如图 4-12 所示。串联电容器通常串联在 330 kV 及以上的超高压线路中，广泛应用于电力输电、配电系统中，特别是长距离、大容量的输电系统，如图 4-13 所示。

图 4-12　并联电容器

图 4-13　串联电容器

2. 电力电容器的维护

（1）正常情况下，全线路在停电操作时，应先拉开电容器的开关，后拉开各路出线的开关；全线路在恢复送电时，应先合上各路出线开关，后合上电容器开关。

（2）全线路发生事故停电时，也应拉开电容器的开关。

（3）电容器断路器跳闸后不得强送电。熔丝熔断后，查明原因之前不得更换熔丝送电。

（4）电容器不允许在带有残余电荷的情况下合闸，否则会产生强大的电流冲击。电容器重新合闸前，至少应放电 3 min。

（5）出于检查、修理的需要，电容器断开电源后，工作人员接近之前，不论该电容器是否装有放电装置，都必须用可携带的专门放电设备进行人工放电。

七、电压互感器

1. 电压互感器的工作原理与分类

电压互感器是一种电压变换装置，可以将高压回路或低压回路的高电压转变成低电压，供给仪表和继电保护装置，实现测量、计量、保护等作用，如图 4-14 所示。它是利用了电磁感应原理，在闭合的铁心柱上绕有两个不同匝数、相互绝缘的绕组，接入电源侧的是一次绕组 N_1，输出侧是二次绕组 N_2。当一次绕组有电压时，绕组就会有交流电流通过，铁芯中会产生与电源频率相同的感应电动势 E_1，由于一次绕组和二次绕组在一个铁心柱上，根据电磁感应定律，在二次绕组会产生频率相同但数值不同的感应电动势 E_2。

电压互感器可以按照以下几种形式分类。

（1）按安装地点：户内式和户外式。35 kV 及以下多为户内式，35 kV 以上多为户外式，其绝缘有明显差距。

（2）按相数：单相式和三相式。10 kV 及以下采用三相式。

（3）按绕组数：双绕组、三绕组和四绕组。

（4）按绝缘方式：干式、浇注式、油浸式和气体式。

（5）按工作原理：电磁式、电容式和光电式。

图 4-14　电压互感器

2. 电压互感器的接线方式

电压互感器在电力系统中通常有四种接线方式，如图 4-15 所示。电压互感器必须严格按图 4-15 接线，并且电压互感器二次侧严禁短路。

（1）一个单相电压互感器的接线方式，如图 4-15（a）所示，主要用于测量一相间电压（线电压）或者相对地电压（相电压）。

（2）两个单相电压互感器接成 V/V 形接线方式，如图 4-15（b）所示，广泛用于中性点绝缘系统或经消弧线圈接地的 35 kV 及以下的高压三相系统，特别是 10 kV 三相系统。这种接线方式可以节省一台电压互感器，并满足三相有功、无功电能计量的要求，但不能用于测量相电压，不能接入监视系统绝缘状况的电压表。

（3）三个单相电压互感器 Y_o/Y_o 形接线方式，如图 4-15（c）所示。电压互感器主要采用三铁心柱三相电压互感器，该接线方式多用于小电流接地的高压三相系统，二次侧中性接线引出并接地，此接线为了防止高压侧单相接地故障，高压侧中性点不允许接地，故不能测量对地电压。

（4）$Y_o/Y_o/\triangle$（开口三角）形接线方式，也称开口三角接线，如图 4-15（d）所示。在正常运行状态下，开口三角的输出端上的电压均为零，如果系统发生一相接地，其余两个输出端的出口电压为每相剩余电压绕组二次电压的 3 倍，这样便于交流绝缘监视电压继电器的电压整定，但此接线方式在 10 kV 及以下的系统中不采用。

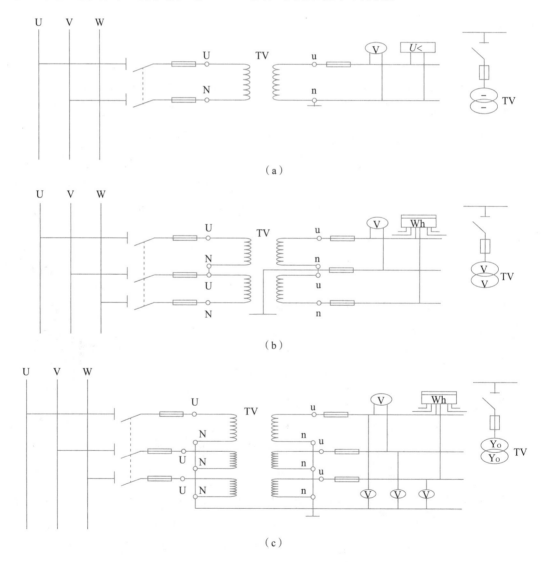

（a）

（b）

（c）

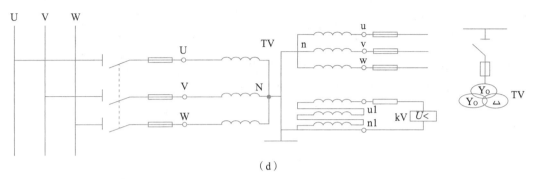

（d）

图 4-15　电压互感器的四种接线方式

（a）一个单相电压互感器的接线；（b）两个单相电压互感器接成 V/V 形；（c）三个单相电压互感器接成 Y_o/Y_o 形；

（d）三个单相绕组或一个三相五心柱三绕组电压互感器接成 $Y_o/Y_o/\triangle$（开口三角）形

3. 电压互感器的维护

（1）电压互感器在投入运行前要按照规程进行测极性、测连接组别、摇绝缘、核相序等试验检查。

（2）电压互感器的接线应保证其正确性。一次绕组应和被测电路并联，二次绕组应和所接的测量仪表、电压互感器继电保护装置或自动装置的电压线圈并联，同时要注意极性的正确性。

（3）接在电压互感器二次侧负荷的容量应合适。接在电压互感器二次侧的负荷不应超过其额定容量，否则会使电压互感器的误差增大，难以正确测量。

（4）电压互感器二次侧不允许短路。由于电压互感器内阻抗很小，若二次侧短路，会出现很大的电流，将损坏二次设备甚至危及人身安全。电压互感器可以在二次侧装设熔断器以保护其自身不因二次侧短路而损坏。在可能的情况下，一次侧也应装设熔断器以保护高压电网不因电压互感器高压绕组或引线故障危及一次系统的安全。

（5）为了确保人在接触测量仪表和继电器时的安全，电压互感器二次绕组必须有一点接地。

八、电流互感器

1. 电流互感器的工作原理与分类

电流互感器在电力系统中应用非常广泛，是一种电流变换装置。它的作用是从大电流电路中按一定的比例感应出小电流，供给仪表测量和继电保护使用。

电流互感器的结构较为简单，由相互绝缘的一次绕组、二次绕组、铁心柱、构架、壳体、接线端子等组成。其工作原理与变压器基本相同，一次绕组的匝数（N_1）较少，直接串联于电源线路中，一次负荷电流通过一次绕组时，产生的交变磁通在二次绕组中感应产生按比例减小的二次负荷电流；二次绕组的匝数（N_2）较多，与仪表、继电器、变送器等电流线圈的二次负荷（Z）串联形成闭合回路。电流互感器工作回路示意如图4-16所示。

电流互感器按安装方式分为贯穿式电流互感器、支柱式电流互感器、套管式电流互感器、母线式电流互感器；按用途分为测量用电流互感器、保护用电流互感器；按绝缘介质分为干式电流互感器、浇注式电流互感器、油浸式电流互感器、气体绝缘式电流互感器；按电流变换原理分为电磁式电流互感器、光电式电流互感器。电流互感器如图4-17所示。

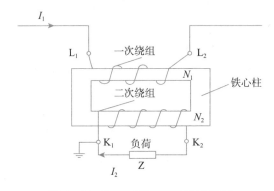

图4-16　电流互感器工作回路示意

图4-17　电流互感器

2. 电流互感器的接线方式

1）一相式接线

一相式接线如图4-18（a）所示，该接线方式电流线圈通过的电流反应一次电路相应相的电流。这种接线方式通常用于负荷平衡的三相电路，如在低压动力线路中，供测量电流、电能或接过负荷保护装置之用。

2）两相V形接线

两相V形接线如图4-18（b）所示，该接线方式也称两相不完全星形接线。在继电保护装置中被称为两相两继电器接线。在中性点不接地的三相三线制电路中，广泛用于测量三相电流、电能及作过电流继电保护之用。两相V形接线的公共线上的电流反映的是未接电流互感器那一相的相电流。

3）两相电流差接线

两相电流差接线如图4-18（c）所示，在继电保护装置中，此接线也称两相一继电器接线。该接线方式适于在中性点不接地的三相三线制电路中作过电流继电保护之用。该接线方式中电流互感器二次侧公共线上的电流量值为相电流的$\sqrt{3}$倍。

4）三相星形接线

三相星形接线如图4-18（d）所示，这种接线方式中的三个电流线圈，正好反映各相的电流。这种接线方式广泛用在负荷一般不平衡的三相四线制系统中，也用在负荷可能不平衡的三相三线制系统中，作三相电流、电能测量及过电流继电保护之用。

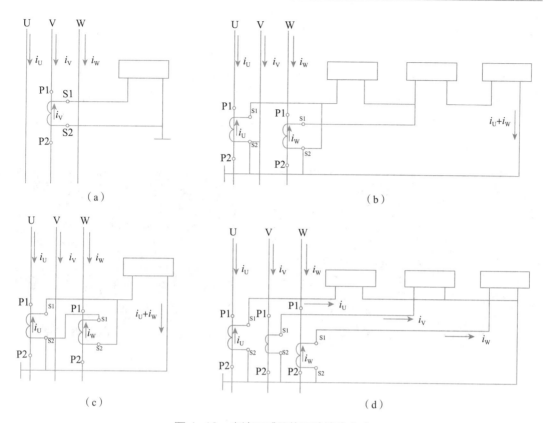

图 4-18　电流互感器的四种接线方式

（a）一相式接线；（b）两相 V 形接线；（c）两相电流差接线；（d）三相星形接线

3. 电流互感器的维护

（1）根据被测电流的大小选择电流互感器的额定电流比，也就是要使电流互感器的初级额定电流大于被测电流。此外，要注意电流互感器的额定电压大小，选择要与使用它的线电压相适应。

（2）与电流互感器配套使用的交流电流表应选 5 A 的量程。选用电流表时，一定要和相应的电流互感器配套使用。

（3）注意测量仪表所消耗的功率不要超过电流互感器的额定容量。

（4）电流互感器的初级串联接入被测电路，它的次级则与测量仪表连接。

（5）电流互感器次级和铁芯都要可靠地接地。

（6）电流互感器次级绝对不容许开路。

九、母线

1. 母线的作用与分类

在各级电压的变配电所中，进户线的接线端与高压开关柜之间、高压开关柜与变压器之间、变压器与低压开关柜之间都需要用一定截面积的导体将它们连接起来，这种导体称为母线。母线用于传输电能，具有汇集和分配电能的作用。

母线按外形和结构，可以分为软母线、硬母线和封闭式母线三类。软母线包括铝绞线、铜绞线、钢芯铝绞线、扩径空心导线等，常用多股钢芯铝绞线；硬母线包括矩形母线、管形母线、槽形母线等，其中矩形母线、槽形母线多用铝排或铜排，管形母线多用铝合金；封闭式母线包括共箱母线、分相母线等。母线排列方式如图 4-19 和图 4-20 所示。

图 4-19　水平排列

图 4-20　立体排列

2.母线的维护

（1）检查母线周围是否存在喷水设备、管道，是否有水滴落在母线槽上，以及是否有热源对母线槽温度产生影响，如存在以上问题则应立即提出并告知用户。

（2）检查是否有缺件、断件、生锈现象，弹簧是否有合适的自由伸缩度，发现异常后应立即更换。

（3）外观清理。对母线本体上的灰尘、杂物进行清理，采用软毛刷子、棉布对母线槽、支架、封闭箱、插接箱内等进行仔细清理。

（4）螺栓紧固。对母线连接器内的螺栓使用力矩扳手进行紧固，达到规定力矩要求，使母线支架紧固达到稳定可靠、支架横平竖直、柜顶箱内的螺栓紧固的程度。拆开柜顶箱封板对内部连接铜排的螺栓进行紧固，查看始端绝缘聚酯薄膜是否出现变色、缺角现象，对生锈螺栓进行及时更换，达到力矩合格、内部整洁。

（5）插接箱的检查，对于母线槽上的插接箱连接是否到位进行检查，并将个别插接箱卸下，抽查连接处是否出现绝缘胶带变色及弧光现象。检查插接箱分合操作是否灵活、开关上下连接处是否可靠，清理干净箱内灰尘，检查插接箱接线螺丝是否紧固。

电气安全 31 种违章 79 个
事故案例

（6）绝缘的检测。维护后采用兆欧表或万用表对母线槽绝缘电阻进行检测，由于绝缘电阻受温度、湿度、母线槽长度影响而变化，但不能低于 0.5 MΩ。

（7）整体检查清理。维护保养后对现场母线槽上的工具进行统一整理，避免存在工具遗漏在母线槽上、插接箱内等现象。对于柜顶箱内的检查，必须打开电柜门，对柜内仔细检查，杜绝工具遗漏、螺栓掉落在柜内等现象。清理现场，对维护保养过程中产生的垃圾进行清扫，保持现场清洁。

任务二 掌握变压器的工作原理与维护

变压器是一种静止的电气设备，系统工作时，可将电能由它的一次侧经电磁能量的转换传输到二次侧，同时根据输配电的需要将电压升高或降低。因此，它在电能的生产、输送、分配、使用的全过程中十分重要。两种变压器外形如图4-21、图4-22所示。

图4-21 油浸式变压器

图4-22 干式变压器

一、变压器的工作原理

变压器由铁芯（或磁芯）和线圈组成，线圈有两个或两个以上的绕组，其中接电源的绕组叫初级线圈，其余的绕组叫次级线圈。它可以变换交流电压、电流和阻抗。

变压器是基于电磁感应原理而工作的。工作时，绕组是"电"的通路，而铁芯则是"磁"的通路，且起到绕组骨架的作用。一次侧输入电能后，铁芯内产生了交变的磁场（即由电能变成磁场）。由于匝链（穿透），二次绕组的磁力线在不断地交替变化，感应出二次电动势，当外电路沟通时，则产生了感应电流，向外输出电能（即由磁场又转变成电能）。这种"电—磁—电"的转换过程是建立在电磁感应原理基础上的，这种能量转换过程也就是变压器的工作过程。

科学人物——朱英浩

二、变压器的铭牌

变压器的型号分两部分，前一部分由汉语拼音字母组成，代表变压器的类别、结构特征和用途，后一部分由数字组成，代表产品的容量（kVA）和高压绕组电压（kV）等级。

变压器铭牌字母含义如图 4-23 所示。

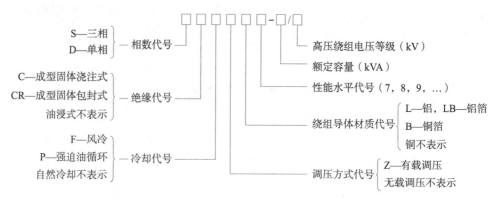

图 4-23　变压器铭牌字母含义

三、变压器的连接组别

变压器连接组别表示变压器各相绕组的连接方式和一、二次线电压之间的相位关系。符号顺序由左至右各代表一、二次绕组的连接方式，数字表示两个绕组的连接组号。一般的高压变压器基本都是 Yn、Yd11 接线。在变压器的连接组别中，"Yn"表示一次侧为星形带中性线的接线，Y 表示星形，n 表示带中性线，"d"表示二次侧为三角形接线，"11"表示变压器二次侧的线电压 U_{ab} 滞后一次侧线电压 U_{AB} 330°（或超前 30°）。变压器的连接组别如图 4-24 所示。

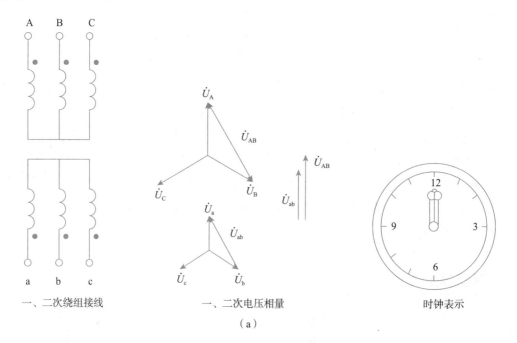

一、二次绕组接线　　　　　　一、二次电压相量　　　　　　时钟表示

（a）

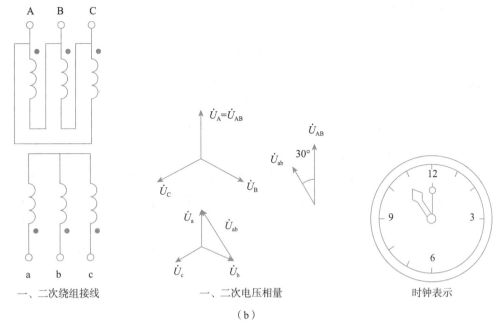

一、二次绕组接线　　　　一、二次电压相量　　　　时钟表示

（b）

图 4-24　变压器连接组别

（a）变压器连接组别 Yyn0；（b）变压器连接组别 Dyn11

四、变压器台数的选择

对有大量一、二级负荷的变电所，应满足电力负荷对供电可靠性的要求，宜采用两台变压器；对只有二级负荷而无一级负荷的变电所，且能从邻近车间变电所取得低压备用电源时，可采用一台变压器；对季节性负荷或昼夜负荷变化较大的变电所，应使变压器在经济状态下运行，可用两台变压器供电。除上述情况外，车间变电所可采用一台变压器。

五、变压器容量的选择

装有一台变压器的变电所，变压器的容量应满足全部用电设备总计负荷的需要，即 $ST \geq S30$。

装有两台变压器的变电所，每台变压器的容量应同时满足以下两个条件。

（1）任意一台变压器单独运行，应满足总计负荷 S30 大约 70% 的需要，即 $ST \approx 0.7S30$。

（2）任意一台变压器单独运行，应满足全部一、二级负荷 S30(I+II) 的需要，即 $ST \geq$ S30（I+II）。

车间变电所变压器容量的上限值一般不宜大于 1250 kVA。

六、变压器的维护

（1）变压器投入系统运行时，操作人员需要佩戴绝缘防护用具进行操作，有高压变压器柜的需要按照高压配电屏操作规程执行，首先合上母线侧隔离开关，确认隔离开关触头闭合紧密后，方可进行下一步操作。

（2）合上负荷侧隔离开关，确认隔离开关触头闭合紧密后，方可进行下一步操作。

（3）变压器退出系统运行时，操作人员需要佩戴绝缘防护用具进行操作，有高压变压器柜的需要按照高压配电屏操作规程执行，首先断开变压器负荷开关，然后断开负荷侧隔离开关，检查隔离开关触头是否有分离间隙，有明显的分离间隙后，方可进行下一步操作。

（4）断开母线侧隔离开关，检查隔离开关触头是否有分离间隙，有明显的分离间隙后，方可进行下一步操作。

（5）变压器投入或退出运行时须遵守以下程序。

①高、低压侧都有油开关和隔离开关的变压器投入运行时，应先投入变压器两侧的所有隔离开关，然后投入高压侧的油开关向变压器充电，再投入低压侧油开关向低压母线充电，停电时顺序相反。

②低压侧无油开关的变压器投入运行时，先投入高压油开关一侧的隔离开关，然后投入高压侧的油开关向变压器充电，再投入低压侧的刀闸、空气开关等向低压母线供电，停电时顺序相反。

任务三　掌握低压用电器的工作原理与维护

常用低压用电器主要包括低压配电电器和低压控制电器。低压用电器通常是指工作在交流额定电压 1200 V、直流额定电压 1500 V 及以下电路中的电器。低压用电器是实现对电路或非电对象的切换、控制、保护、检测、变换和调节的元件或设备。

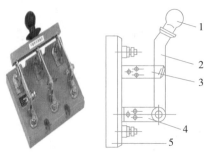

1—手柄；2—触刀；3—静插座；
4—铰链支座；5—绝缘底板
图 4-25　刀开关实物和结构

一、开关电器

1. 刀开关

刀开关又称闸刀开关或隔离开关，它是手控电器中最简单而使用较广泛的一种低压用电器，作为不频繁地手动接通和分断交、直流电路或作隔离开关用。刀开关实物和结构如图 4-25 所示，刀开关图形及文字符号如图 4-26 所示。

2. 组合开关

组合开关是一种凸轮式的做旋转运动的刀开关，主要用于电源引入或 5.5 kW 以下电动机的启动、停止、反转、调速等场合。组合开关实物如图 4-27 所示。

图 4-26　刀开关图形及文字符号　　　　图 4-27　组合开关实物

二、主令电器

主令电器主要用于切换控制电路，用它来"命令"电动机及其他控制对象的启动、停止或工作状态的变换。主令电器的种类很多，常用的有按钮、行程开关、万能转换开关等。

1. 按钮

按钮用于手动接通或断开辅助电路。按钮一般由操作头、复位弹簧、触点、外壳及支持连接部件等组成。操作头的结构形式有按钮式、旋钮式和钥匙式等。按钮结构如图 4-28 所示，其图形及文字符号如图 4-29 所示。

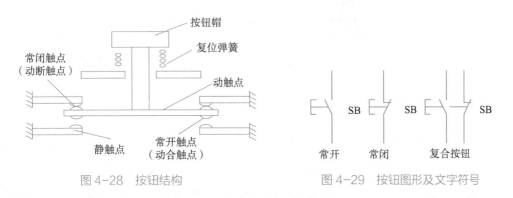

图 4-28　按钮结构　　　　　　　　图 4-29　按钮图形及文字符号

2. 行程开关

行程开关也称限位开关，用于自动往复控制或限位保护等。行程开关是将机械位移转变为触点的动作信号，主要由推杆、弹簧、动合触头、动断触头、压缩弹簧组成。行程开关的结构如图 4-30 所示，其图形及文字符号如图 4-31 所示。

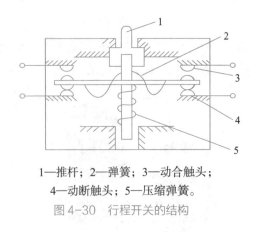

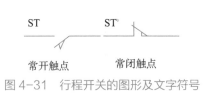

1—推杆；2—弹簧；3—动合触头；
4—动断触头；5—压缩弹簧。

常开触点　　　　　常闭触点

图 4-30　行程开关的结构　　　图 4-31　行程开关的图形及文字符号

3. 万能转换开关

万能转换开关主要用于控制电路的转换或功能切换，电气测量仪表的转换以及配电设备（高压油断路器、低压空气断路器等）的远距离控制，亦可用于控制伺服电机和其他小容量电机的启动、换向及变速等。由于这种开关触点数量多，可同时控制多条控制电路，用途较广，故称为万能转换开关。

万能转换开关由触点系统、操作机构、转轴、手柄、定位机构等主要部件组成。万能转换开关实物如图 4-32 所示，其图形及文字符号如图 4-33 所示。

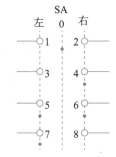

图 4-32　万能转换开关实物　　　图 4-33　万能转换开关的图形及文字符号

三、低压断路器

低压断路器也称自动空气开关，主要用在交、直流低压电网中，既可以手动分合电路，也可以电动分合电路。它不仅可以接通和分断正常负荷电流和过负荷电流的电器，还可以接通和分断短路电流的开关电器，同时还具有保护功能，如防止过负荷、短路、欠压和漏电等产生的损坏。

1. 低压断路器的结构

低压断路器由操作机构、触点、保护装置（电磁脱扣器、热脱扣器、失压脱扣器、分励脱扣器）、灭弧系统等组成。低压断路器如图 4-34 所示，其图形及文字符号如图 4-35 所示。

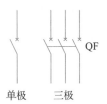

图 4-34　低压断路器的外形　　图 4-35　低压断路器的图形及文字符号

2. 低压断路器的工作原理

低压断路器的结构如图 4-36 所示，主触点 1 串联在被控制的电路中。将操作手柄扳到合闸位置时，搭扣 3 勾住锁键 2，主触头 1 闭合，电路接通。由于触头的连杆被搭扣 3 锁住，使触头保持闭合状态，同时分断弹簧 13 被拉长，为分断做准备。瞬时过电流脱扣器（磁脱扣）12 的线圈串联于主电路，当电流为正常值时，衔铁 11 吸力不够，处于打开位置。当电路电流超过规定值时，电磁吸力增加，衔铁 11 吸合，通过杠杆 5 使搭扣 3 脱开，主触点在分断弹簧 13 的作用下切断电路，这就是瞬时过电流或短路保护作用。当电路失压或电压过低时，欠压脱扣器 8 的衔铁 7 释放，同样由杠杆 5 使搭扣 3 脱开，起到欠压和失压保护作用。当电源恢复正常时，必须重新合闸后才能工作。长时间过载使得过流脱扣（热脱扣）器双金属片 10 弯曲，同样由杠杆 5 使搭扣 3 脱开，起到过载（过流）保护作用。

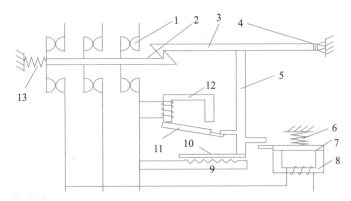

1—触头；2—锁键；3—搭扣；4—轴；5—杠杆；6—弹簧；7—衔铁；8—欠压脱扣器；
9—加热电阻丝；10—热脱扣器双金属片；11—衔铁；12—瞬时过电流脱扣器；13—分断弹簧。

图 4-36　低压断路器的结构

3. 低压断路器的维护

（1）低压断路器在投入运行前，应将磁铁工作面的防锈油脂除净，以免影响工作的可靠性。

（2）低压断路器在投入运行前，应检查其安装是否牢固，所有螺栓是否拧紧，电路连接是否可靠，外壳有无尘垢。

（3）低压断路器在投入运行前，应检查脱扣器的整定电流和整定时间是否满足电路要求，出厂整定值是否改变。

（4）运行中的低压断路器应定期进行清扫和检修，要注意有无异常声响和气味。

（5）运行中的低压断路器触头表面不应有毛刺和烧蚀痕迹，当触头磨损到小于原厚度的1/3时，应及时更换新触头。

（6）运行中的低压断路器在分断短路电流后或运行很长时间时，应清除灭弧室内壁和栅片上的金属颗粒。灭弧室不应有破损现象。

（7）带有双金属片的脱扣器，因过载分断低压断路器后，不得立即"再扣"，应冷却几分钟使双金属片复位后才能"再扣"。

（8）运行中的传动机构应定期加润滑油。

（9）定期检修后应在不带电的情况下进行数次分合闸试验，以检查其可靠性。

（10）定期检查各脱扣器的整定电流值和延时，特别是半导体脱扣器，应定期用试验按钮检查其工作情况。

（11）运行中还应检查引线及导电部分有无过热现象。

四、低压熔断器

低压熔断器是在低压配电系统中起安全保护作用的一种用电器，当电网或用电设备发生短路故障或过载时，可自动切断电路，避免电气设备损坏，防止事故蔓延。

1. 低压熔断器的结构

低压熔断器由绝缘底座（或支持件）、触头、熔体等组成，熔体是熔断器的主要工作部分，相当于串联在电路中的一段特殊的导线。当电路发生短路或过载时，电流过大，熔体因过热而熔化，从而切断电路。低压熔断器如图4-37所示，其图形及文字符号如图4-38所示。

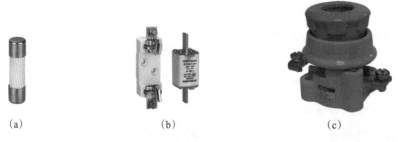

|(a)|(b)|(c)|

图 4-37　低压熔断器

（a）无填料封闭管式低压熔断器；（b）有填料封闭管式低压熔断器；（c）螺旋式低压熔断器

2. 低压熔断器的维护

（1）经常清除熔断器熔体及导电插座上的灰尘和污垢。检查熔体，发现氧化腐蚀或损伤后应及时更换。

图 4-38　低压熔断器的图形及文字符号

（2）通常应不带电进行熔断器拆换，有些熔断器允许在带电情况下更换，但也要注意切断负载，以免发生危险。

（3）更换熔体时，新熔体的规格，尺寸、形状应与原熔体相同，不应随意更换、凑合使用。

（4）快速熔断器的熔体不能用普通熔断器的熔体代替。

（5）正确选择熔体电流，可以保证电气设备正常运行及启动时熔体不熔断。短路时，熔体会在短时间内熔断，起到短路保护作用。

五、接触器

接触器分为交流接触器和直流接触器，它应用于电力、配电与用电场合。在电路中，可以频繁地分断带负荷电路，还具有欠压释放的作用。同时在电路中，一般以小电流或小电压控制大电流或大电压。

1. 接触器的结构

接触器主要由电磁系统、触点系统、灭弧系统及其他部分组成。交流接触器如图 4-39 所示，其图形及文字符号如图 4-40 所示。

图 4-39　交流接触器

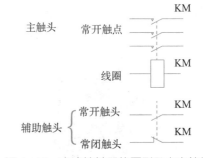

图 4-40　交流接触器的图形及文字符号

2. 交流接触器的工作原理

当线圈通电时，静铁芯产生电磁吸力将动铁芯吸合，由于触头系统是与动铁芯联动的，因此动铁芯带动三条动触片同时运行，触点闭合，从而接通电源。当线圈断电时，吸力消失，动铁芯联动部分依靠弹簧的反作用力分离，使主触头断开，切断电源。交流接触器的工作原理示意如图 4-41 所示。

3. 接触器的维护

（1）在正常使用时，要检查负载电流是否在正常范围内。

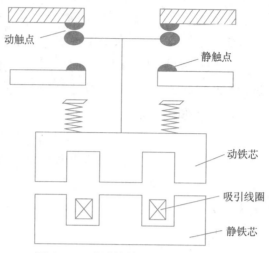

图 4-41　交流接触器的工作原理示意

（2）观察相关指示灯是否和电路正常指示灯相符合。

（3）在运行中观察声音是否正常，有没有因接触不良造成的杂音。

（4）观察接触点是否有烧损现象。

（5）观察周围环境是否存在对接触器运行不良的影响，如潮湿、粉尘过多、振动过大等。

六、热继电器

1. 热继电器的结构

热继电器是用于电动机或其他电气设备、电气线路的过载保护的保护电器，主要部件是热敏元件和电磁铁。热继电器如图 4-42 所示，其图形及文字符号如图 4-43 所示。

图 4-42　热继电器

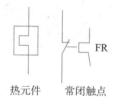

图 4-43　热继电器的图形及文字符号

2. 热继电器的工作原理

使用热继电器时，热元件串联接到电动机主回路中，常闭触点串联接在交流接触器线圈控制回路中。当电动机正常运行时，热元件产生的热量虽能使双金属片弯曲，但不足以使继电器动作；当电机过载时，热元件产生的热量增大，使双金属片弯曲的位移量增大，经过一段时间后，双金属片弯曲推动导板，常闭触点断开，切断交流接触器的控制回路，接触器释放，主回路断开，电动机脱离电源，起到保护作用，触点复位。热继电器工作原理示意如图4-44所示。

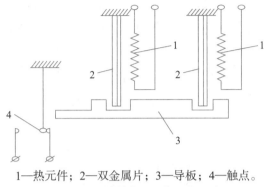

1—热元件；2—双金属片；3—导板；4—触点。

图4-44　热继电器工作原理示意

3. 热继电器的维护

（1）热继电器安装的方向应与规定方向相同，一般倾斜度不得超过5°。尽可能装在其他电器下面，以免受其他电器发热的影响。

（2）安装接线时，应检查接线是否正确，与热继电器连接的导线截面应满足负荷要求。安装螺钉不得松动，防止因发热而影响热元件正常动作。

（3）不得自行变动热元件的安装位置，以保证动作间隙的正确性。

（4）操作机构应正常可靠，再扣按钮应灵活，调整部件不得松动。

（5）检查热元件是否良好，只能打开盖子从旁边查看，不得将热元件卸下，如必须卸下，则装好后应重新通电试验。

（6）检查热继电器的热元件的额定电流值或刻度盘上的刻度值是否与电动机的额定电流值相符。如不相符，应更换热元件，并进行调整试验，或转动刻度盘的刻度，使其符合要求。

（7）由于热继电器具有很大的热惯性，因此不能作为线路的短路保护。

（8）大修期间要用布擦净尘埃和污垢，双金属片要保持原有金属光泽，如上面有锈迹，可用布蘸汽油轻轻擦除，不得用砂纸磨光。

七、时间继电器

时间继电器是一种电气控制器，它可以在一定时间内控制电路的开关状态。

1. 时间继电器的结构

时间继电器主要由电磁铁、触点、时间基准元件和外壳组成。时间继电器如图4-45所示，时间继电器的图形及文字符号如图4-46所示。

2. 时间继电器的工作原理

当吸引线圈通电时，衔铁及推板被铁芯吸引而瞬时下移，使瞬时动作触点接通或断开。但是活塞杆和杠杆不能同时跟着衔铁一起下落，因为活塞杆的上端连着气室中的橡皮膜，当活塞杆在释放弹簧的作用下开始向下运动时，橡皮膜随之向下凹，上面空气室的空气变得稀薄，活塞杆受到阻尼作用而缓慢下降。经过一定时间，活塞杆下降到一定位置，便能通过杠杆推动延时触点动作，使动断触点断开，动合触点闭合。从线圈通电到触点完成动作，这段时间就是继电器的延时时间。延时时间的长短可以用调节螺钉调节空气室进气孔的大小来改变。吸引线圈断电后，继电器依靠复位弹簧的作用而复原，空气经出气孔被迅速排出。时间继电器的工作原理示意如图4-47所示。

图4-45　时间继电器

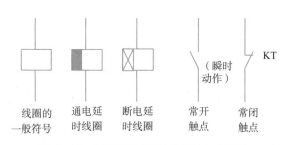

图4-46　时间继电器的图形及文字符号

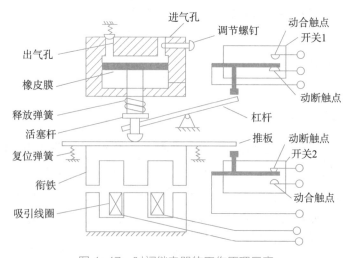

图4-47　时间继电器的工作原理示意

任务四 掌握电工安全用具与应急救援技术

为保证电气设备工作的安全，正确使用安全用具是至关重要的。在使用安全用具时，应对安全用具进行详细检查，包括是否经试验合格、试验期是否有效和是否符合安全用具的要求等。

一、电气安全用具

1. 绝缘安全用具

基本绝缘用具是指绝缘强度足以长期承受电气设备运行电压，并且在该电压等级的系统内产生过电压时，能够确保操作人员人身安全的绝缘工具。如绝缘棒（令克棒）、绝缘夹钳等。

基本绝缘安全用具：可直接与带电导体接触。

高压基本绝缘安全用具：绝缘棒、高压验电笔、绝缘夹钳等。

低压基本绝缘安全用具：带绝缘柄的工具、低压试电笔、绝缘手套等。

辅助绝缘用具指绝缘强度不足以长期承受电气设备或线路的工作电压的安全用具，或不能抵御系统中产生的过电压，对操作人员人身安全有侵害的绝缘工具。辅助绝缘安全用具是配合基本绝缘安全用具使用的，能强化基本绝缘安全用具的保护作用，主要防止接触电压、跨步电压、电弧灼伤对操作人员的危害。

辅助绝缘安全用具：不能直接接触高压设备的带电导体。

高压辅助绝缘安全用具：高压绝缘手套、绝缘靴、绝缘垫和绝缘台等。

低压辅助绝缘安全用具：低压绝缘鞋、绝缘靴、绝缘垫、绝缘台等。

2. 绝缘棒及带有绝缘棒的安全用具

如图 4-48 所示的高压绝缘棒是保证人身安全的基本绝缘安全用具之一。凡是进行直接与带电体接触的操作，必须使用绝缘棒，并且应有监护人的监护。高压设备的操作还应同时使用高压辅助绝缘安全用具，如绝缘手套、绝缘靴等。

应用场合：在闭合或拉开高压跌落式熔断器、隔离开关，装拆携带式接地线，以及进行测量和试验时使用。

使用保管注意事项：

（1）操作前绝缘棒面应用清洁的干布擦净；

（2）操作时应戴绝缘手套、穿绝缘靴或站在绝缘台（垫）上，并注意防止碰伤绝缘棒表面绝缘层；

图 4-48 高压绝缘棒

（3）雨雪天气室外操作时应使用防雨型绝缘棒；

（4）按规定进行定期试验；

（5）绝缘棒应存放在干燥场所，不得与墙面地面接触，以保护绝缘表面。

3. 验电器

验电器（见图4-49）使用前应先检查其外观有无损坏，按"自检"按钮，验证其全部

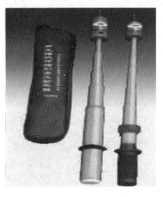

电路和电池是否完好。验电前，应先在有电设备上进行试验，确认验电器良好；验电时，应使用相应电压等级且合格的接触式验电器，在装设接地线或接地刀闸处各相分别验电。

高压验电器的使用：使用高压验电器时应戴绝缘手套。验电器的伸缩式绝缘棒长度应拉足，验电时手应握在手柄处不得超过护环，人体应与验电设备保持安全距离。雨雪天气不得进行室外直接验电。验电时，不要用验电器直接触及设备的带电部分，应渐渐地向设备移近，直至接触设备导电部分。此过程中若一直无声光指示，则可判断无电。反之，如在移近过程中突然有声光指示，应停止验电。

图4-49 验电器

高压验电器的保管与维护：

（1）应存放在盒内，置于通风、干燥的场所；

（2）使用完毕应擦拭干净，放到固定位置，不可随意乱放，也不准另作他用；

（3）按规定进行定期试验；

（4）一般一年更换一次电池，旋开末端螺钉即可更换。

4. 低压试电笔

低压试电笔（见图4-50）是用来检查低压电气设备是否带电的一种工具。使用时，手必须触及金属挂钩，金属笔尖触及带电设备。应注意低压试电笔可能受邻近带电体影响。

使用低压试电笔时，应注意以下事项：

（1）使用前，应检查低压试电笔里有无安全电阻，再直观检查试电笔是否有损坏，有无受潮或进水；

（2）验电前，应在有电的地方验证一下，检查低压试电笔是否完好；

（3）要掌握正确的使用方法。使用低压试电笔时，一定不能用手触及低压试电笔前端的金属探头，这样会造成人身触电事故。

图4-50 低压试电笔

5. 绝缘手套

绝缘手套（见图4-51）一般作为使用绝缘棒进行带电操作时的辅助绝缘安全用具，在进行倒闸操作和接触其他电气设备的接地部分时，戴绝缘手套可防止接触电压和感应电压

的伤害。在 1 kV 以下电气设备上可以作为基本绝缘安全用具使用。

使用与保管绝缘手套的注意事项：

（1）绝缘手套的长度至少应超过手腕 10 cm；

（2）使用前应做外观检查，如发现粘胶、破损，应停止使用，可用吹气法检查绝缘手套有无漏气现象，即使出现微小的漏气，该手套也不得继续使用；

（3）不能用医疗手套或化工手套代替绝缘手套使用；

（4）绝缘手套应存放在干燥、阴凉的地方，一般均放在特制的木架上；

（5）按规定进行定期试验。

6. 绝缘靴

图 4-51　绝缘手套

绝缘靴（见图 4-52）主要用来防止跨步电压产生的伤害，它对泄漏电流和接触电压等同样具有一定的防护作用。绝缘靴是由劳动保护部门监制的专用产品。雨天操作室外设备时，除应戴绝缘手套外，还必须穿绝缘靴。当配电装置接地网接地电阻不符合要求时，晴天操作也必须穿绝缘靴。在配电装置内发生接地故障，在进入配电装置时也应穿绝缘靴。

使用绝缘靴的注意事项：

（1）使用前应做外观检查，如有破损应停止使用；

（2）检查是否在合格期内，是否符合规定要求；

（3）绝缘靴应存放在专门的木架上或干燥、阴凉处；

（4）切记不得把绝缘靴作耐酸、耐碱和耐油靴使用；

（5）必须按规定进行定期试验。

7. 绝缘垫

图 4-52　绝缘靴

绝缘垫（见图 4-53）一般铺在控保屏、高压开关柜的下面及配电室的地面上，以便在带电操作时增强操作者的对地绝缘性。绝缘垫通常还用来作为高压试验电气设备时的辅助绝缘安全用具。绝缘垫不得与酸、碱、油类和化学药品等接触，并应避免阳光直射，以及锐利金属件刺划，还应做到每隔半年用低温水清洗一次，应按规定进行定期试验。

图 4-53　绝缘垫

二、防护用具

防护用具是对有关电气伤害起防护作用的，主要用来对泄漏电流、接触电压、跨步电压触电和对有电设备造成的危险等进行防护。防护用具主要包括接地线、遮栏、安全帽、护目镜和安全带等。

1. 接地线

接地线（见图 4-54）用来防止电工作业时突然来电（如错误合闸送电）以及消除停电设备或线路可能产生的感应电压，是泄放停电设备或线路剩余电荷的安全用具。接地线在每次装设前应经过详细检查。损坏的接地线应及时修理或更换，禁止使用不符合规定的导线作接地或短路之用。

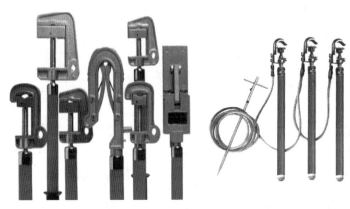

图 4-54　接地线

2. 遮栏

图 4-55　遮栏

遮栏（及临时遮栏）如图 4-55 所示，遮栏主要用来防护工作人员误碰带电部分或过分接近带电部分。遮栏是在电气检修作业中，当工作位置与带电体安全距离不够时的安全隔离措施。遮栏分为木制（绝缘）围栏和围绳两种，用线网或绳子拉成的遮栏称为临时遮栏。因此要求在设置的绝缘围栏和围绳（临时遮栏）上必须设有"止步，高压危险"的警告标志，以提高值班人员、工作人员的警惕。

3. 安全帽

安全帽是用来防护高空落物，减轻头部冲击伤害的防护用具。凡有可能发生物体坠落的工作场所，或有可能发生头部碰撞、劳动者自身有坠落危险的场所，都要求佩戴安全帽。安全帽是电气作业人员的必备用具，戴安全帽时必须系好下颏带。

4. 护目镜

在进行装卸高压熔断器、锯断电缆或打开运行中的电缆盒、浇灌电缆混合剂、为蓄电池注入电解液等工作时，均要戴护目镜。

5. 安全带

安全带是防止高空坠落的安全用具。《电业安全工作规程》中规定凡在离地面 2m 以上的地点进行工作即为高处作业。高处作业时，应使用安全带。每次使用安全带时，必须做一次外观检查。在使用过程中，也要注意查看，在半年至一年内要试验一次，以主部件不损坏为要求。如发现有破损、变质情况，应及时反映并停止使用，以保证操作安全。不允许用一般的绳子代替安全带。

三、安全用具的日常检查

1. 绝缘安全用具的检查

检查绝缘安全用具应在有效试验周期内进行，且试验合格才行。

2. 验电器的检查

（1）检查验电器的绝缘杆是否完好，有无裂纹、断裂、脱节情况。

（2）按试验按钮检查验电器发光及声响是否完好，电池电量是否充足，电池接触是否完好，如有时断时续的情况，应立即查明原因，不能修复的应立即更换。

（3）每次使用前应检查是否良好，严禁使用不合格的验电器进行验电。

3. 接地线的检查

检查接地线接地端、导体端是否完好，接地线是否有断裂，螺栓是否紧固。带有绝缘杆的接地线，要检查绝缘杆有无裂纹、断裂等情况。

4. 绝缘手套的检查

每次使用前都需要检查绝缘手套有无裂纹、漏气，表面应清洁、无发黏等现象。

5. 绝缘靴的检查

每次使用前都需要检查绝缘靴底部有无断裂、靴面有无裂纹，并每三个月擦一次。

6. 绝缘棒的检查

每三个月检查一次，检查时应擦净表面。检查绝缘棒有无裂纹、断裂现象；油漆表面有无损坏。

7. 绝缘垫的检查

每三个月检查一次，检查有无破洞，有无裂纹，表面有无损坏并擦洗干净。

8. 安全帽的检查

检查安全帽有无裂纹，系带是否完好无损。

四、电工安全标示牌

标示 1：禁止合闸，有人工作（见图 4-56）。

悬挂处：一经合闸即可送电到施工设备的断路器（开关）和隔离开关（刀闸）操作把手上悬挂"禁止合闸，有人工作"的标示牌。

标示2：禁止合闸，线路有人工作（见图4-57）。

悬挂处：如果线路上有人工作，应在线路断路器（开关）和隔离开关（刀闸）操作把手上悬挂"禁止合闸，线路有人工作"的标示牌。

标示3：禁止分闸（见图4-58）。

悬挂处：对由于设备原因，接地刀闸与检修设备之间连有断路器（开关），在接地刀闸和断路器（开关）合上后，在断路器（开关）操作把手上应悬挂"禁止分闸"的标示牌。

图4-56　安全标示牌1　　　　图4-57　安全标示牌2　　　　图4-58　安全标示牌3

标示4：在此工作（见图4-59）。

悬挂处：在工作地点或检修设备上悬挂"在此工作"的标示牌。

标示5：止步，高压危险（见图4-60）。

悬挂处：在室内高压设备上工作时，应在工作地点两旁及对面运行设备间隔的遮栏（围栏）上和禁止通行的过道遮栏上悬挂"止步，高压危险"的标示牌；高压开关柜内手车开关拉出后，隔离带电部位的挡板封闭后禁止开启，设置"止步，高压危险"的标示牌；在室外构架上工作，应在工作地点邻近带电部分的横梁上，悬挂"止步，高压危险"的标示牌。

标示6：从此上下（见图4-61）。

悬挂处：作业人员可以上下的铁架、爬梯上，应悬挂"从此上下"的标示牌。

图4-59　安全标示牌4　　　　图4-60　安全标示牌5　　　　图4-61　安全标示牌6

标示 7：从此进出（见图 4-62）。

悬挂处：室外工作地点围栏的出入口处悬挂"从此进出"的标示牌。

标示 8：禁止攀登，高压危险（见图 4-63）。

悬挂处：高压配电装置构架的爬梯上和变压器、电抗器等设备的爬梯上，应悬挂"禁止攀登，高压危险"的标示牌。在邻近其他可能误登的带电构架上，也应悬挂"禁止攀登，高压危险"的标示牌。

图 4-62　安全标示牌 7

图 4-63　安全标示牌 8

五、电工应急救援知识

1. 灭火器救援与火灾知识

1）灭火器的选择与正确使用

灭火器（见图 4-64）按充装的灭火剂分类，可分为水基型灭火器、干粉型灭火器（ABC 灭火器）和二氧化碳灭火器 3 类。

水基型灭火器主要应用于木材等常规物质的灭火；二氧化碳灭火器主要应用于化学品材料的灭火，可以灭 B 类火、C 类火及电火；干粉型灭火器用于电气类火灾，可以扑灭 A 类火、B 类火、C 类火及电火。

图 4-64　灭火器

2）火灾的分类

GB/T 4968—2008《火灾分类》规定的 6 类火灾如下。

A 类火灾：固体物质火灾。这种物质通常具有有机物性质，一般在燃烧时能产生灼热的余烬。如木材、煤、棉、毛、麻、纸张等火灾。

B 类火灾：液体或可熔化的固体物质火灾。如煤油、柴油、原油、甲醇、乙醇、沥青、石蜡等火灾。

C 类火灾：气体火灾。如煤气、天然气、甲烷、乙烷、丙烷、氢气等火灾。

D 类火灾：金属火灾。如钾、钠、镁、铝镁合金等火灾。

E 类火灾：带电火灾。物体带电燃烧的火灾。

F 类火灾：烹饪器具内的烹饪物（如动植物油脂）火灾。

3）手提式干粉灭火器的使用方法

（1）手提灭火器压把，在距离起火点 3 m～5 m 处，将灭火器放下。在室外使用时，注意站在上风方向。

（2）使用前先将灭火器上下颠倒几次，使筒内干粉松动。

（3）拔下保险销，一只手握住喷嘴，使其对准火焰根部，另一只手用力按下压把，干粉便会从喷嘴喷射出来。

（4）左右喷射，不能上下喷射，灭火过程中应保持灭火器直立状态，不能横卧或颠倒使用。

4）二氧化碳灭火器的使用方法

二氧化碳灭火器主要用于扑救贵重设备、档案资料、仪器仪表、600 V 以下电气设备及油脂等火灾。使用注意事项：使用时要戴手套，以免皮肤接触喷筒和喷射胶管，防止冻伤。使用二氧化碳灭火器扑救电器火灾时，如果电压超过 600 V，应先断电后灭火。使用方法如下。

（1）先拔出保险栓。

（2）再压下压把（或旋动阀门）。

（3）将喷口对准火焰根部灭火。

5）水基型灭火器的使用方法

先将灭火器放置在距离燃烧物体 10 m 左右的地方，再将其保险销拔掉。然后一手握住它的压把，一手握住它的喷枪。接着向下按压压把，当空气泡沫喷出来的时候，将喷枪对准火势较大的部位即可。但在使用过程中，必须将其保持在与地面垂直的状态中。

2. 人身安全救援

1）心肺复苏操作

心肺复苏操作要领（见图 4-65）：先判断周围环境是否安全，再判断人员有无意识、呼吸（拍打双肩、听呼吸）；如无反应，拨打 120，留联系电话，取自动体外除颤机（AED）；再检查呼吸，摸颈动脉判断有无心跳，如果呼吸、心跳都无，做胸外按压和人工呼吸，一直等到救援人员到来。

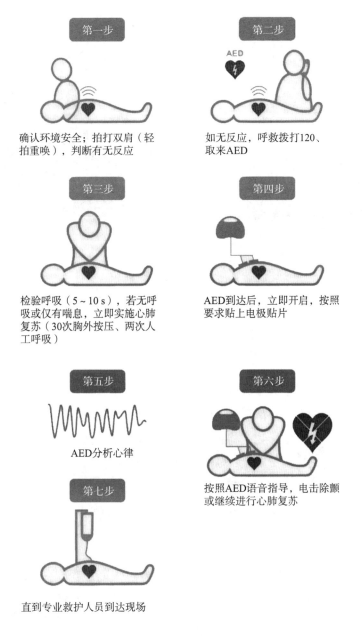

图 4-65　心肺复苏操作要领

2）胸外按压

　　胸外按压如图 4-66 所示。按压位置：乳头连线中点；按压方式：双手交叉，胳膊不能弯曲，用上半身的力量按压；按压深度：4 cm ～ 5cm；按压频率：100 ～ 120 次 / 分钟。（注意：每次按压后需让胸部恢复到正常位置，胸廓充分回弹；回弹时手不要倚靠在胸壁上，保障心脏有足够血液流出；尽可能避免中断直至救护车前来。）

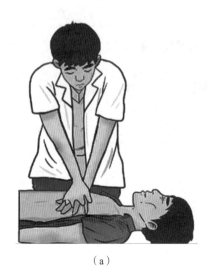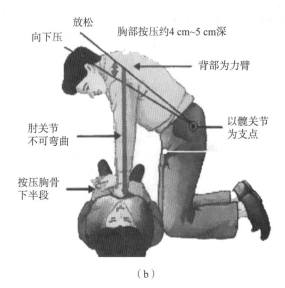

（a） （b）

图 4-66 胸外按压

（a）正面；（b）侧面

3）人工呼吸

人工呼吸如图 4-67 所示。开放气道方式：抬头扬颌，下巴与耳垂的连线与地面垂直；吹气频率：每按压 30 次吹 2 口气，吹气之前先清理口腔异物。

口对口呼吸法，适用于大多数触电者，方法如下。

（1）让伤员平卧仰面，头部后仰，鼻孔朝天，解开腰带、领扣、衣服。

（2）掰开嘴，清除口中异物，将舌头拉出，以防止阻塞喉咙。

（3）深吸一口气，贴伤员嘴大口吹气（握紧伤员鼻子）。

（4）松开伤员鼻子，让其自己呼吸。

（5）反复操作，每分钟 14 ～ 16 次，直至伤员自己能呼吸。

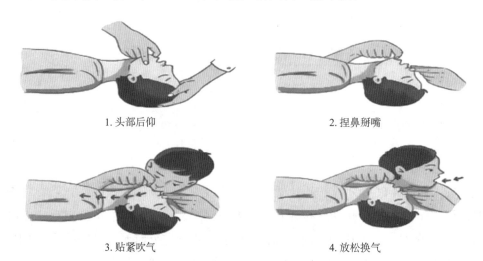

1.头部后仰 2.捏鼻掰嘴

3.贴紧吹气 4.放松换气

图 4-67 人工呼吸操作要领

拓展阅读

世界容量最大110 kV级户外智能型干式变压器上线

2023年3月23日，由山东一建承建的金润绿原达坂城49.5 MW分散式风电项目的世界首台电压等级最高、容量最大户外智能型50000 kVA/110 kV有载调压干式变压器成功就位，标志着该项目又一里程碑告捷。

干式变压器是相对于油浸式变压器而言的，其通过空气而不是油进行绝缘和散热，更加环保清洁，智能型有载干式变压器配备有智能型组件和有载调压开关，能够通过智能型组件在线监测，随时查看变压器运行状态，通过有载调压开关自动改变电压挡位。该产品的特点是免维护、无污染、无泄漏、阻燃，尤其是运行效率达到了99.5%以上，是变压器行业当中运行效率比较高的一个产品。

党的二十大提出把创新作为引领发展的第一动力。"天眼"望星河、"蛟龙"探深海、"高铁"驰神州、"5G"连天下……实践证明，我国自主创新事业是大有可为的。我们青年学子要进一步坚定创新自信，加快推进高水平科技自立自强，奋力在新征程上展现新作为。

思考与练习

1. 简述高压电气部件的工作原理与维护方法。
2. 简述变压器的工作原理与维护方法。
3. 如何进行电力变压器台数选择和容量选择。
4. 简述低压电气部件的工作原理与维护方法。

项目总结

（1）高压熔断器会在高压电路短路时对电路中的设备进行保护，有时也可做过负荷保护。

（2）高压隔离开关的作用是断开无负荷电流的电路。隔离开关没有专门的灭弧装置，不能切断负荷电流和短路电流，通常与断路器配合使用。

（3）高压负荷开关常与高压熔断器配合使用，能通断一定的负荷电流和过负荷电流。

（4）高压断路器的作用是当电路发生短路、过载、接地等故障时，能够快速切断电路。

（5）电力电容器的主要作用是向电网提供无功功率，减少感性用电设备向电网索取的无功功率，降低供电过程中的无功损耗。

（6）电压互感器是一种电压变换装置，利用电磁感应原理将高压回路的高电压转变成低电压，供给仪表和继电保护装置，实现测量、计量、保护等作用。

（7）电流互感器是一种电流变换装置，利用电磁感应原理从大电流电路中按一定的比例感应出小电流，供给仪表测量和继电保护用。

（8）母线是在各级电压的变配电所中，将进户线的接线端与高压开关柜之间、高压开关柜与变压器之间、变压器与低压开关柜之间连接起来的一种导体。母线用于传输电能，具有汇集和分配电能的作用。

（9）变压器是一种静止的电气设备。系统工作时，可将电能由它的一次侧经电磁能量的转换传输到二次侧，同时根据输配电的需要将电压升高或降低。

（10）刀开关又称闸刀开关或隔离开关，作为不频繁地手动接通和分断交、直流电路或作隔离开关用。

（11）组合开关主要用于电源引入或 5.5 kW 以下电动机的启动、停止、反转、调速等场合。

（12）主令电器主要用于切换控制电路，用它来"命令"电动机及其他控制对象的启动、停止或工作状态的变换。

（13）低压断路器也称自动空气开关，它不仅可以接通和分断正常负荷电流和过负荷电流，还可以接通和分断短路电流的开关电器，同时还具有保护功能。

（14）低压熔断器在电路发生短路故障或过载时，可自动切断电路，避免电气设备损坏，防止事故蔓延。

（15）接触器在电路中，可以频繁地分断带负荷电路，还具有欠压释放的作用。

（16）热继电器是用于电动机或其他电气设备、电气线路的过载保护的保护电器。

（17）时间继电器是一种电气控制器，它可以在一定时间内控制电路的开关状态。

任务工单1 电力变压器绝缘电阻的测量

任务名称		日期	
姓名		班级	
学号		实训场地	

一、安全与知识准备

1. 什么是变压器的绝缘电阻？为什么要测量变压器的绝缘电阻？

2. 认识绝缘电阻表的结构和工作原理。

3. 工具的选择：选择合适的绝缘电阻表及相应的工具，要求能满足工作需要，质量符合要求。
着装穿戴：穿工作服、绝缘鞋，戴安全帽、绝缘手套。
准备变压器停电、验电、放电和挂接地线的设备。
检查绝缘电阻表的性能是否符合要求。
人员准备：测量工作由监护人、操作人各1人完成。

二、计划与决策

1. 测量目的。

2. 测量项目。

3. 测量接线图。（低压侧绝缘电阻测试接线如图4-68所示，高压侧绝缘电阻测试接线如图4-69所示。）

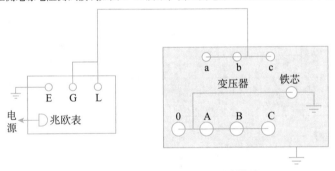

图4-68 低压侧绝缘电阻测试接线

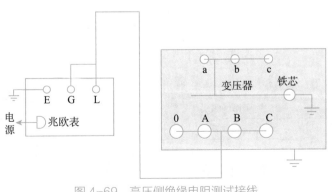

图4-69 高压侧绝缘电阻测试接线

续表

三、任务实施

1. 将被测变压器从高、低压两侧断开。将变压器低压 a、b、c 和高压 0、A、B、C 接线端用裸铜线分别短接。

2. 测量时应先将 E 端和 G 端与被测物连接好，用绝缘物挑起 L 线，当绝缘电阻表转速达到 120 r/min 时，再将 L 线搭接在高压绕组（或低压绕组）接线端子上。测量时仪表应水平放置，以 120 r/min 的转速匀速摇动绝缘电阻表的手柄，当指针稳定，1min 后读取数据，撤下 L 线，暂停摇表。

3. 记录绝缘电阻值，每次测试方法要求一致，以便比较。

4. 试验完毕或重复试验时，必须将试品对地充分放电。

5. 记录试品名称、规格及气象条件。

6. 完成绝缘电阻记录表。

次数	摇测时间	变压器的规格	环境温度 /℃	高压侧绝缘电阻	低压侧绝缘电阻	判断结果
	R"60					
	R"30					
	R"60					
	R"30					
	R"60					
	R"30					

四、检查与评估

1. 判断绝缘电阻是否符合标准。

（1）将本次测得的绝缘电阻值与上次测得的数值换算到同一温度下进行比较，本次数值相比上次数值不得降低 30%。

（2）吸收比 R"60/R"15（测量中 60 s 与 15 s 时绝缘电阻的比值）在 10～30 ℃时，应为 1.3 倍及以上。

（3）对照 3 kV～10 kV 变压器在不同温度下的绝缘电阻值。

温度 /℃	10	20	30	40	50	60	70	80
良好值 /MΩ	900	450	225	120	64	36	19	12
最低值 /MΩ	600	300	150	80	43	24	13	8

（4）新安装和大修后的变压器，其绝缘电阻应符合上述规定，运行中的电阻不低于 10 MΩ。

2. 根据完成本学习任务时的表现情况，进行同学间的互评。

考核项目	评分标准	分值	得分
团队合作	是否和谐	5	
活动参与	是否主动	5	
安全生产	有无安全隐患	10	
现场 6S	是否做到	10	
任务方案	是否合理	15	
操作过程	1. 2. 3.	30	
任务完成情况	是否圆满完成	5	
操作过程	是否标准规范	10	
劳动纪律	是否严格遵守	5	
工单填写	是否完整、规范	5	
评分			

任务工单 2　高压开关柜的停、送电操作（KYN28-12型）

任务名称		日期	
姓名		班级	
学号		实训场地	

一、安全与知识准备

1. 根据停送电要求，办理工作票及操作票。
2. 操作前必须穿戴试验合格的高压绝缘靴和绝缘手套。
3. 将相同电压等级的验电器先在带电设备上试验，合格后方可使用。

二、计划与决策

1. 小组成员按任务分工。

2. 高压开关柜操作的注意事项。

三、任务实施

1. 高压开关柜停电操作步骤。

序号	操作步骤	完成情况	备注
1	操作仪表门上合分转换开关，将操作手柄逆时针旋转至面板指示分位置，松开手后操作手柄应自动复位至预分位置，断路器分闸断电		
2	仪表门上红色合闸指示灯灭，绿色跳位指示灯亮，查看其他相关信号，一切正常，停电成功		
3	将断路器手车摇柄插入摇柄插口并用力压下，逆时针转动摇柄约20圈，在摇柄明显受阻并伴有"咔嗒"声，手车试验位置灯亮时，取下摇柄，此时手车处于试验位置，观察带电显示器，确认不带电方可继续操作		
4	将接地开关操作手柄插入中门右侧六角孔内，顺时针旋转使接地开关处于合闸位置，确认接地开关已处于合闸后，打开柜下门，维修人员可继续下一步维护、检修		

续表

2. 高压开关柜送电操作步骤。

序号	操作步骤	完成情况	备注
1	关闭所有柜门及后盖门板，并锁好		
2	将接地开关操作手柄插入中门右下侧六角孔内，逆时针旋转使接地开关摇至工作位置，取出操作手柄，操作孔处联锁板自动弹回，遮住操作孔		
3	将断路器手车摇柄插入摇柄插口并用力压下，顺时针转动摇柄约20圈，在摇柄明显受阻并伴有"咔嗒"声时取下摇柄，此时手车处于工作位置，手车工作位置灯亮		
4	操作仪表门上合分转换开关使断路器合闸送电，同时仪表门上红色合闸指示灯亮，绿色跳位指示灯灭，查看带电显示及其他相关信号，一切正常，送电成功		
5	送电完成后观察开关柜各指示灯是否正常，确保运行灯、带电指示灯正常后，则送电完成		

四、检查与评估

根据完成本学习任务时的表现情况，进行同学间的互评。

考核项目	评分标准	分值	得分
团队合作	是否和谐	5	
活动参与	是否主动	5	
安全生产	有无安全隐患	10	
现场 6S	是否做到	10	
任务方案	是否合理	15	
操作过程	1. 2. 3.	30	
任务完成情况	是否圆满完成	5	
操作过程	是否标准规范	10	
劳动纪律	是否严格遵守	5	
工单填写	是否完整、规范	5	
评分			

项目五

工厂供配电线路的运行与维护

知识目标

1. 了解变配电所的布置和结构。
2. 掌握工厂变配电所电气主接线的基本要求。
3. 掌握工厂变配电所电气主接线的形式及运行方式。
4. 掌握工厂变配电所倒闸的操作方法、步骤、原则和注意事项。

技能目标

1. 能分析工厂变配电所主接线图。
2. 能进行工厂架空线路、电缆线路和车间配电线路的巡查与维护。
3. 能填写倒闸操作票和实施倒闸操作。

素质目标

1. 通过学习实际规划变配电所布局，培养学生自主学习和独立工作的观察能力。
2. 通过学习配电室的结构设置要求，培养学生科学规范的工作作风。
3. 通过学习供配电线路的不同接线类型，培养学生灵活和创新的工作能力。

项目概述

本项目主要介绍工厂变配电所的布置和结构、工厂变配电电气主接线、工厂电力线路的运行与维护、工厂变配电所的倒闸操作。本项目是课程重点之一，也是从事工厂供配电系统运行与维护工作的基础。

<table><tr><td>任务一</td><td>认识工厂变配电所的布置和结构</td></tr></table>

工厂变配电所是工厂供配电系统的核心，在工厂中占有特别重要的地位。工厂变配电所按其作用可分为工厂变电所和工厂配电所。变电所是从电力系统接受电能，经过变压器降压，按要求把电能分配到各车间，供给各类用电设备。配电所是接受电能，按要求分配电能。两者不同的是，变电所中有配电变压器，而配电所中没有配电变压器。

一、变配电所总体布置要求

变配电所主要由高压配电室、低压配电室、变压器室、电容器室、值班室等组成。其布置要求如下。

（1）主变压器和各级电压配电装置的连线应尽可能短些。

（2）运输方便。布置应便于主变压器和其他电气设备的运输。

（3）便于运行维护。有人值班的变电所一般应设置值班室，值班室应尽量靠近高、低压配电室，且有门直通。

（4）保证运行安全，值班室内不应有高压设备，高压电容器一般应装设在单独的房间内。变电所各室的大门应朝外开。所有带电部分离墙和离地的尺寸以及各室的维护操作通道的宽度，均应符合有关规程要求，以确保安全。长度大于 7 m 的配电室应设计两个出口，并尽量布置在配电室的两端。低压配电屏的长度大于 6 m 时，其屏后通道应设有两个出口。

（5）保证架空线进出和电缆线进出的方便。主控制室应便于进出线，高压架空进线时，高压配电室宜位于进线侧。低压配电室宜靠近变压器室，开关柜下面一般要设置电缆沟。

（6）节约土地和建筑费用，高压配电所应尽量与降压变电所合建，高压开关柜数量较少时，可以与低压配电屏装设在同一配电室内，但其裸露带电导体之间的净距不应小于 2 m。

二、变配电所总体布置方案

变配电所总体布置方案应因地制宜，合理设计，并且应该经过几个方案的技术、经济比较后再确定最终布置方案。

变电所的布置形式有户内式、户外式和混合式三种。变电所一般采用户内式。户内式又分为单层布置和双层布置。一般 35 kV 户内式变电所宜采用双层布置，6 kV ～ 10 kV 户内式变配电所宜采用单层布置。

GB 50060—2008《3 ～ 110 kV 高压配电装置设计规范》规定，操作通道的最小宽度为 1.5 m，使运行维护更为安全方便。变压器室的尺寸应按所装设的变压器容量增大一级来考虑，以适应变电所负荷增长的要求。高、低压配电室都留有一定的余地，供将来添设高、低压开关柜、配电屏之用。工厂高压配电所与附近车间变电所合建的平面布置方案如图 5-1 所示。

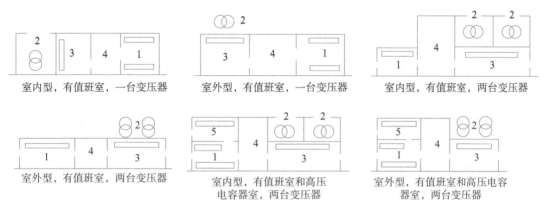

室内型，有值班室，一台变压器　　室外型，有值班室，一台变压器　　室内型，有值班室，两台变压器

室外型，有值班室，两台变压器　　室内型，有值班室和高压电容器室，两台变压器　　室外型，有值班室和高压电容器室，两台变压器

1—高压配电室；2—变压器室或室外变压器台；3—低压配电室；4—值班室；5—高压电容器室。

图 5-1　工厂高压配电所与附近车间变电所合建的平面布置方案

对于不设高压配电所和总降压变电所的工厂或车间变电所，其布置方案基本相同。如果高压开关柜数量较少，则高压配电室应相应小一些；如果不设高压配电室和高压电容器室，则取消这些室。既无高压配电室又无值班室的车间变电所，其平面布置方案更简单，如图 5-2 所示。

室内型，一台变压器　　室外型，一台变压器　　室内型，两台变压器　　室外型，两台变压器

1—变压器室或室外变压器台；2—低压配电室。

图 5-2　无高压配电室和值班室的车间变电所平面布置方案

三、变配电所的结构

1. 高压配电室的结构

室内高压配电装置的结构如图 5-3 所示，室内高压配电装置的最小安全净距应不低于表 5-1 中的值。

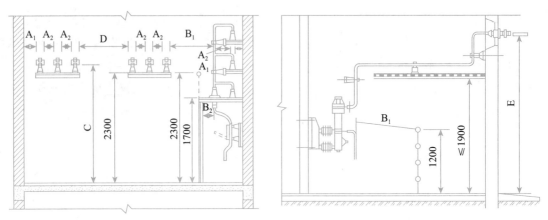

图 5-3　室内高压配电装置的结构（单位：mm）

表 5-1　室内高压配电装置的最小安全净距

项目	6 kV 额定电压下的最小安全净距 /mm	10 kV 额定电压下的最小安全净距 /mm
带电部分至接地部分之间（A_1）	100	125
不同相的带电部分之间（A_2）	100	125
①带电部分至栅栏之间（B_1）②交叉不同时停电检修的无遮栏带电部分之间	850	875
带电部分至网状遮栏之间（B_2）	200	225
无遮栏裸导体至地（楼）面之间（C）	2500	2500
不同时停电检修的无遮栏裸导体之间的水平净距（D）	1900	1925
通向出线套管至屋外通道的路面（E）	4000	4000

高压配电室内各种通道的宽度（净距）不应小于表 5-2 规定的数值。

表 5-2　高压配电室内各种通道的最小净距

单位：m

开关柜布置方式		通道分类			
		柜后维护通道	操作通道		通往防爆间隔的通道
			固定式	手车式	
单排布置		0.80	1.50	单车长 +1.20	1.20
两面有开关柜	面对面	0.80	2.00	双车长 +0.90	1.20
	背对背	1.00	1.50	单车长 +1.20	

高压配电室的净空高度一般为 4.2 ～ 4.5 m。高压配电装置距屋顶（梁除外）的距离为 0.8 m。室内高压配电装置裸露带电部分的上面不应有明敷的照明或动力线路跨越。高压配电室的长度超过 7 m 时应开两个门，并布置在两端。GC-1A（F）型高压开关柜的搬运

门高度为 2.5 ～ 2.8 m，宽度为 1.5 m。

　　高压配电室宜设不能开启的自然采光窗，窗外应装设铁丝网，以防止雨、雪、小动物的进入。带可燃性油的高压配电装置宜装设在单独的高压配电室内。当 6 ～ 10 kV 高压开关柜的数量为 6 台及以下时，可和低压配电室装设在同一房间内。在同一配电室内单列布置的高、低压配电装置，当高压开关柜或低压配电室顶部有裸露带电导体时，两者之间的净距不应小于 2 m；但当两者顶部外壳的防护等级符合 IP2X 时，可靠近布置。

　　图 5-4 所示为 GC-1A（F）型高压开关柜的布置（n 为一列开关的台数），单位为 mm。

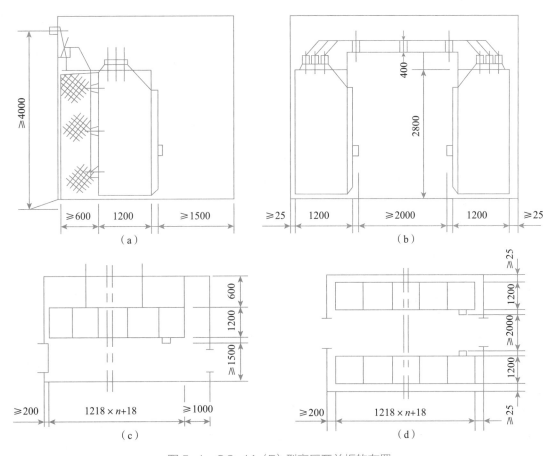

图 5-4　GC-1A（F）型高压开关柜的布置
（a）单列立面布置；（b）双列立面布置；（c）单列平面布置；（d））双列立面布置

2. 低压配电室的结构

　　（1）低压配电室内成排布置的电气设备，当其长度超过 6 m 时，室后面的通道应有两个通向本室或其他房间的出口，并布置在通道的两端。当两出口之间的距离超过 15 m 时，其间还应增加出口。

　　（2）设置在低压配电室内的配电设备一般不靠墙安装，配电设备距离墙面 1 ～ 1.2 m，配电室的两端有通道时应有防护板。成排布置的低压配电设备，其与配电室前后的通道宽度不应小于表 5-3 规定的数值。

表 5-3　低压配电设备与前后墙间通道的最小宽度

单位：m

种类	布置方式							
	单列布置		双列对面布置		双列背对背布置		多列同向布置	
	室前	室后	室前	室后	室前	室后	室前	室后
固定式	1.50（1.30）	1.00（0.80）	2.00	1.00（0.80）	1.50（1.30）	1.50	2.00	—
抽屉式	1.80（1.60）	1.00（0.80）	2.30（2.00）	1.00（0.80）	1.80	1.50	2.30（2.00）	—

注：括号内为最小宽度。当建筑物墙面遇有柱类局部凸出时，凸出部位的通道宽度可减少 0.2 m。

（3）当低压配电室长度超过 7 m 时，应在配电室两端开门。

（4）低压配电室兼作值班室时，配电设备正面距离配电室的墙面不得小于 3 m。

（5）低压配电室的高度：变压器顶端与配电室顶端距离不小于 3.5 ~ 4 m；当电缆进线时，变压器顶端与配电室顶端距离不低于 3 m。

（6）低压配电室通道上方裸露带电体距地面的高度不应低于下列数值：配电设备前通道内为 2.50 m，加护网后其高度可降低，但护网最低高度为 2.20 m；配电设备后通道内高度为 2.30 m，否则应加遮护，遮护后的高度不应低于 1.90 m。

四、变压器室的结构

变压器室的结构和布置形式，取决于变压器的型式、容量、放置方式以及电气主接线方案、进出线方式和方向等因素，并应考虑运行维护安全、通风、采光、防火，以及近期发展等问题。

（1）变压器外廓（防护外壳）与变压器室墙壁和门的净距不应小于表 5-4 所规定的数值。干式变压器的金属网状遮栏，其防护等级不低于 IP1X，遮栏高度不低于 1.70 m。

表 5-4　变压器外廓与变压器室墙壁和门的净距

单位：m

项目	变压器容量（kVA）	
	100 ~ 1000	1250 ~ 1600
油浸式变压器外廓与后壁、侧壁净距	0.60	0.80
油浸式变压器外廓与门净距	0.80	1.00
带有 IP2X 及以上防护等级金属外壳的干式变压器外廓与后壁、侧壁净距	0.60	0.80

续表

项目	变压器容量（kVA）	
	100～1000	1250～1600
有金属网状遮栏的干式变压器外廓与后壁、侧壁净距	0.60	0.80
带有 IP2X 及以上防护等级金属外壳的干式变压器外廓与门净距	0.80	1.00

（2）对于就地检修的室内油浸式变压器，室内高度可按吊芯所需的最小高度再加0.70 m，宽度可按变压器两侧各加 0.8～1.0 m 确定。如果变压器室内装有高压负荷开关、隔离开关、熔断器等，则变压器室宽度应相应地增加。

（3）油浸式变压器和其他充油电器的布置，应考虑在带电时观察油位、油温的便捷性和安全性，并易于抽取油样。

（4）变压器室宜采用自然通风，夏季的排风温度不宜高于 45 ℃，进风和排风的温差不宜大于 15 ℃。变压器在户内布置时，宜高于地面架空布置，并在地坪到变压器底部高度段开设百叶窗，以利于通风散热（容量在 630 kVA 及以下的变压器室地坪一般可不抬高）。通风窗应采用非燃烧材料。

（5）可燃油油浸变压器室的耐火等级应为一级，非燃（或难燃）介质的变压器室的耐火等级不应低于二级。

（6）如果油浸变压器室附近有易燃物品堆积的场所、有地下室或者有位于容易沉积可燃粉尘、可燃纤维的场所时，应设置容量为 100% 变压器油量的挡油设施或设置能将油排到其他安全处所的设施。

五、高压电容器室的结构

为提高功率因数，大、中型变配电所的 10 kV 母线侧都安装有室内高压电容器装置。室内高压电容器装置（电容器柜）宜设置在单独房间内。当电容器组的容量较小时，也可设置在高压配电室内，但与高压配电装置的距离不应小于 1.5 m。高压电容器室应有良好的自然通风，通风窗的有效面积可根据进风温度的高低来确定，1 kVA 需要下部进风面积 0.1～0.3 m²，需要上部出风面积 0.2～0.4 m²。下层电容器的底部距地面不应小于 0.2 m，上层电容器的底部距地面不宜大于 2.5 m，电容器装置顶部到屋顶净距不应小于 1.0 m。高压电容器布置不宜超过 3 层。

电容器外壳之间（宽面）的净距不宜小于 0.1 m，电容器的排间距离不宜小于 0.2 m。电容器室与高、低压配电室相毗连时，中间应有防火隔墙。室内长度超过 7 m 时，应两端开门。

GR-1 型高压电容器室的布置如图 5-5 所示。成套电容器柜单列布置时，柜正面与墙面距离不应小于 1.5 m；当双列布置时，柜面之间距离不应小于 2.0 m。

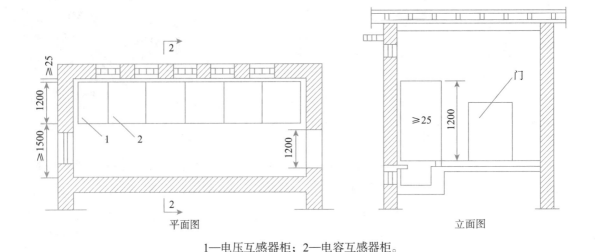

1—电压互感器柜；2—电容互感器柜。

图 5-5　高压电容器室的布置（单位：mm）

六、值班室的结构

有人值班的变配电所应设单独的值班室（可兼控制室）。有人值班的独立变配电所应设洗手间和上、下水设施。当有低压配电室时，值班室可与低压配电室合二为一，这时在值班人员经常工作的一面或一端的低压配电装置到墙的距离不应小于 3 m。值班室的结构形式及布置要有利于运行、维护，要紧靠高、低压配电室。高压配电室与值班室应直通或通过走廊相通，值班室应有门直接通向户外或走廊。

任务二　认识工厂变配电所电气主接线

电气主接线从电源系统接受电能，并通过出线或馈电线路分配电能。当进、出（馈）线数量较多（一般多于 4 回路）时，常设置汇流母线（简称母线）作为中间环节，便于电能的汇集和分配，并使运行操作方便，利于扩建。当进、出线数量较少时，可采用无汇流母线接线形式。有母线的接线形式主要有单母线接线和双母线接线两种。无母线的接线形式主要有桥形接线、多角形接线和单元接线。工厂变配电所电气主接线要满足安全性、可靠性、灵活性和经济性的基本要求。电气主接线图中的代表符号如表 5-5 所示。

表 5-5　电气主接线图中的代表符号

序号	设备名称	图例	序号	设备名称	图例	序号	设备名称	图例
1	发电机	Ⓖ~	2	三绕组变压器		3	断路器	

续表

序号	设备名称	图例	序号	设备名称	图例	序号	设备名称	图例
4	双绕组变压器		8	自耦变压器		12	隔离开关	
5	带接地开关的隔离开关		9	母线		13	熔断器	
6	电压互感器		10	避雷器				
7	电流互感器		11	电抗器				

一、单母线接线方式

1. 单母线接线

单母线接线如图 5-6 所示。单母线接线的特点是每一回路均经过一台断路器 QF 和隔离开关 QS，接于一组母线上。断路器两侧装有隔离开关，在停电检修断路器时可作为明显断开点以隔离电压。靠近母线侧的隔离开关称为母线侧隔离开关（如 11QS），靠近引出线侧的称为线路侧隔离开关（如 13QS）。在主接线设备编号中，隔离开关编号前几位与该支路断路器编号相同，线路侧隔离开关编号尾数为 3，母线侧隔离开关编号尾数为 1（双母线时是1 和 2）。在电源回路中，若断路器断开之后，电源不能向外输送电能时，断路器与电源之间可以不装设隔离开关，如发电机出口。若线路对侧无电源，则线路侧可不装设隔离开关。

2. 单母线分段接线

单母线分段接线如图 5-7 所示。正常运行时，单母线分段接线有两种运行方式。

（1）分段断路器 0QF 闭合运行。正常运行时分段断路器 0QF 闭合，两个电源分别接在两段母线上。两段母线上的负荷应均匀分配，以使两段母线上的电压均衡。在运行中，当任意一段母线发生故障时，继电保护装置动作，跳开分段断路器和接至该母线段上的电源断路器，另一段则继续供电。当有一个电源故障时，仍可以使两段母线都有电，可靠性比较好，但是线路故障时短路电流较大。

（2）分段断路器 0QF 断开运行。正常运行时分段断路器 0QF 断开，两段母线上的电压可不相同。每个电源只对接至本段母线上的引出线供电。当任意一个电源出现故障，接在该电源的母线会停电，导致部分用户停电。为了解决这个问题，可以在 0QF 处装设自投装置，或者重要用户可以从两段母线引接，采用双回路供电。分段断路器断开运行的优点是可以限制短路电流。

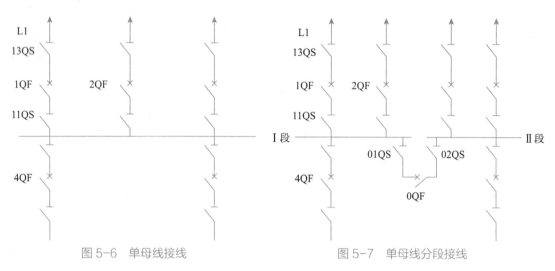

图 5-6　单母线接线　　　　　　　　　　　　　图 5-7　单母线分段接线

3. 单母线分段带旁路母线接线

图 5-8 为单母线分段带旁路母线接线的一种情况。旁路母线经旁路断路器接至 I、II 段母线上。正常运行时，90QF 回路以及旁路母线处于冷备用状态。

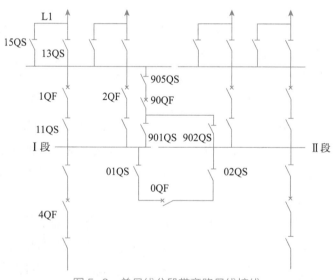

图 5-8　单母线分段带旁路母线接线

当出现回路数目不多时，旁路断路器利用率不高，可与分段断路器合用，并有以下两种形式。

（1）分段断路器兼作旁路断路器如图 5-9 所示，从分段断路器 0QF 的隔离开关内侧引接联络隔离开关 05QS 和 06QS 至旁路母线，在分段工作母线之间再加两组串联的分段隔离开关 03QS 和 04QS。正常运行时，分段断路器 0QF 及其两侧隔离开关 03QS 和 04QS 处于接通位置，联络隔离开关 05QS 和 06QS 处于断开位置，旁路母线不带电。当 I 段失电，0QF 接通，02QS 和 07QS 接通，03QS 和 05QS 接通，15QS 接通，I 段旁路母线带电。但同时，要确保 13QS 和 1QF 断电。II 段失电的情况，原理同上。

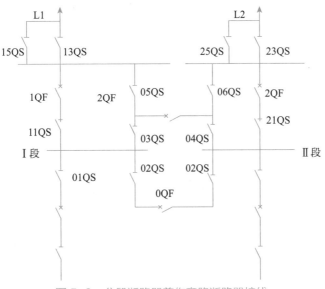

图 5-9　分段断路器兼作旁路断路器接线

（2）旁路断路器兼作分段断路器接线如图 5-10 所示。正常运行时，两分段隔离开关 01QS、02QS 一个接通一个断开，两段母线通过 901QS、90QF、905QS 与旁路母线相连接，90QF 起分段断路器作用。

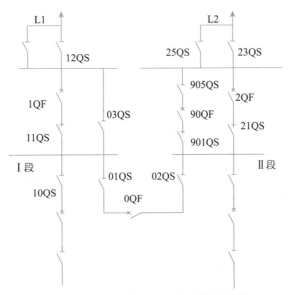

图 5-10　旁路断路器兼作分段断路器接线

二、双母线接线方式

1. 双母线接线

不分段的双母线接线如图 5-11 所示。这种接线有两组母线（ⅠWB 和ⅡWB），在两组母线之间通过母线联络断路器 0QF（以下简称母联断路器）连接。每一条引出线（L1、L2、L3、L4）和电源支路（5QF、6QF 所在线路）都经一台断路器及两组母线隔离开关分别接至两组母线上。

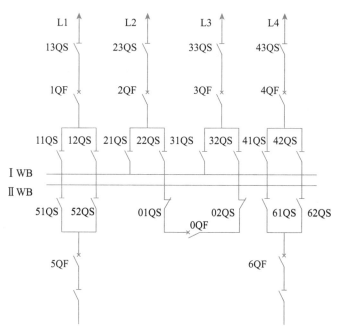

图 5-11　不分段的双母线接线

2. 双母线分段接线

双母线分段接线如图 5-12 所示，Ⅱ组母线用分段断路器 00QF 分为两段，每段母线与Ⅰ组母线之间分别通过母联断路器 01QF、02QF 连接。这种接线较双母线接线具有更高的可靠性和更大的灵活性。当Ⅱ组母线工作、Ⅰ组母线备用时，它具有单母线分段接线的特点。Ⅰ组母线的任意一分段检修时，可以将该段母线所连接的支路导至备用母线上运行，仍能保持单母线分段运行的特点。当具有三个或三个以上的电源时，可将电源分别接到Ⅱ组的两段母线和Ⅰ组母线上，用母联断路器连通Ⅰ组母线与Ⅱ组某一个分段母线，构成单母线分三段运行，可进一步提高供电可靠性。

3. 双母线带旁路母线接线

有专用旁路断路器的双母线带旁路接线母线如图 5-13 所示，旁路断路器可代替出线断路器工作，在出线断路器检修时，使线路供电不受影响。双母线带旁路母线接线，多采用两组母线固定连接方式，即双母线同时运行的方式，正常运行时母联断路器处于合闸位置，并要求某些出线和电源固定连接于Ⅰ组母线上，其余出线和电源连至Ⅱ组母线。两组母线固定连接回路的确定既要考虑供电可靠性，又要考虑负荷的平衡，尽量使母联断路器通过的电流很小。

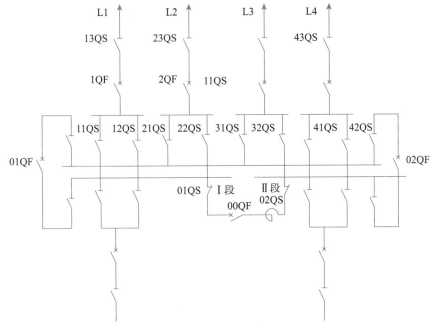

图 5-12 双母线分段接线

当出线数目不多，安装专用的旁路断路器利用率不高时，为了节省资金，可采用母联断路器兼作旁路断路器的接线，具体连接如图 5-13（a）、（b）、（c）所示。

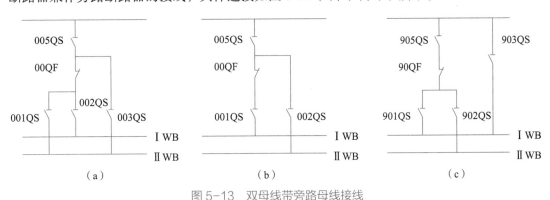

图 5-13 双母线带旁路母线接线
（a）两组母线带旁路；（b）一组母线带旁路；（c）设有旁路跨条

4. 一台半断路器接线

一台半断路器接线如图 5-14 所示，有两组母线，每一回路经一台断路器接至一组母线，两个回路间有一台断路器联络，形成一串。每回路进出线都与两台断路器相连，而同一串的两条进出线共用三台断路器，故而得名一台半断路器接线或叫做二分之三接线。正常运行时，两组母线同时工作，所有断路器均闭合。

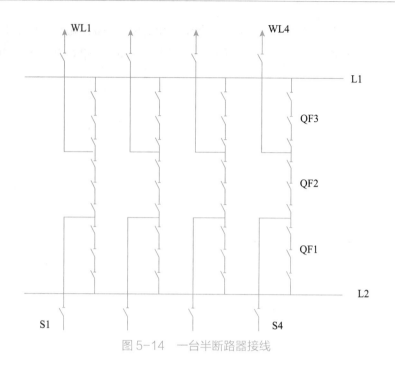

图 5-14　一台半断路器接线

5. 变压器 – 母线组接线

除了以上常见的几种接线之外，还可以采用如图 5-15 所示的变压器 – 母线组接线。这种接线方式是变压器直接接入母线，各出线回路采用双断路器接线［见图 5-15（a）］或者一台半断路器接线（见图 5-15（b））。变压器母线组接线的特点是调度灵活，电源与负荷可以自由调配，安全可靠，利于扩建。

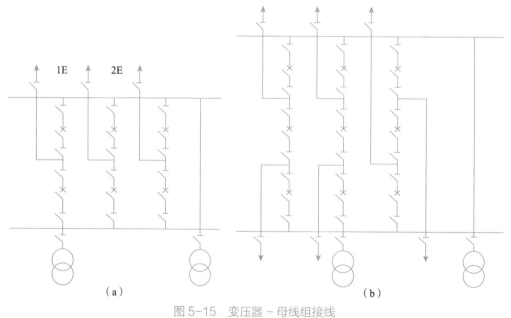

图 5-15　变压器 – 母线组接线

（a）出线双断路器接线；（b）出线一台半断路器接线

由于变压器运行可靠性比较高，对母线运行不产生明显的影响，所以可以直接接入母线。一旦变压器故障，连接于母线上的断路器跳开，但并不影响其他回路供电，用隔离开关把故障变压器退出后，即可进行倒闸操作，使该母线恢复运行。

三、无母线接线方式

1. 桥形接线

桥形接线适用于仅有两台变压器和两回路出线的装置中，其接线方式如图 5-16 所示。桥形接线仅用三台断路器，根据桥回路（3QF）的位置不同，可分为内桥和外桥两种接线。桥形接线正常运行时，三台断路器均闭合工作。

1）内桥接线

内桥接线如图 5-16（a）所示，桥回路置于线路断路器内侧（靠变压器侧），此时线路经断路器和隔离开关接至桥接点，构成独立单元。而变压器支路只经隔离开关与桥接点相连，是非独立单元。如果线路发生故障，仅故障线路的断路器跳闸，其余三回路可继续工作，并保持相互的联系。

2）外桥接线

外桥接线如图 5-16（b）所示，桥回路置于线路断路器外侧，变压器经断路器和隔离开关接至桥接点，而线路支路只经隔离开关与桥接点相连。如果变压器发生故障，则仅故障变压器回路的断路器自动跳闸，其余三回路可继续工作，并保持相互的联系。

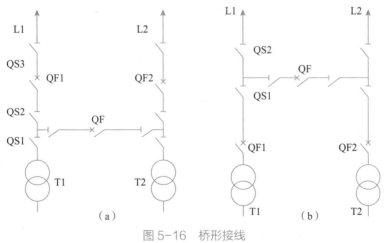

图 5-16 桥形接线
（a）内桥接线；（b）外桥接线

2. 多角形接线

多角形接线也称多边形接线，它相当于将单母线按电源数目和出线数目分段，然后连接成一个环形的接线。比较常用的有三角形、四角形和五角形接线。正常运行时，多角形是闭合的，任意一进出线回路发生故障，则仅该回路断开，其余回路不受影响，因此其运行可靠性高。

3. 单元接线

单元接线是将不同的电气设备（发电机、变压器、线路）串联成一个整体，这称为一个单元，然后再与其他单元并列。

1）一般单元接线

一般单元接线如图 5-17 所示。图 5-17（a）为发电机 - 双绕组变压器组成的单元，断路器装设于主变压器高压侧作为该单元共同的操作和保护电器，在发电机和变压器之间不设断路器，可装一组隔离开关，在试验和检修时作为隔离元件。

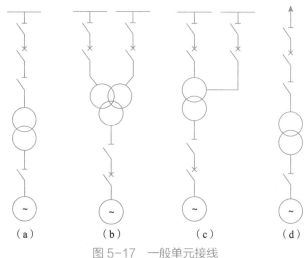

图 5-17　一般单元接线

（a）发电机 – 双绕组变压器单元接线；（b）发电机 – 三绕组变压器单元接线；
（c）发电机 – 自耦变压器单元接线；（d）发电机 – 变压器 – 线路组单元接线。

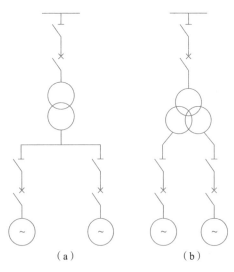

图 5-18　扩大单元接线

（a）发电机 – 双绕组变压器扩大单元接线；
（b）发电机 – 分裂绕组变压器扩大单元接线。

当高压侧需要联系两个电压等级时，主变压器可采用三绕组变压器或自耦变压器，组成发电机 – 三绕组变压器（或自耦变压器）单元接线，如图 5-17（b）、（c）所示。

图 5-17（d）为发电机 – 变压器 – 线路组单元接线。它是将发电机、变压器和线路直接串联，中间除了自用电外没有其他分支引出。

2）扩大单元接线

采用两台发电机与一台变压器组成单元的接线称为扩大单元接线，如图 5-18 所示。在这种接线中，为了适应机组开停的需要，每一台发电机回路都需要装设断路器，并在每台发电机与变压器之间装设隔离开关，以保证停机检修时的安全。

任务三　工厂供配电线路的运行与维护

工厂供配电线路按结构分为架空线路、电缆线路和车间线路三类。

（1）架空线路：利用电杆架空敷设裸导线的户外线路。优点是投资少、维护检修方便；缺点是有碍交通和观瞻，且易受到环境影响，安全可靠性较差。

（2）电缆线路：利用电力电缆（电缆）进行地下敷设的线路。优点是运行可靠、不易受外界影响，特别适用于有腐蚀性气体、易燃易爆，以及需要防止雷电波沿线路侵入的场所；缺点是成本高、不便维修、不易发现和排除故障。

（3）车间线路：指车间内外敷设的各类配电线路。

一、架空线路

1. 架空线路的结构

架空线路的主要部件：导线和避雷线（架空地线）、铁塔、绝缘子、金具、铁塔基础、拉线和接地装置等，部分部件如图 5-19 所示。

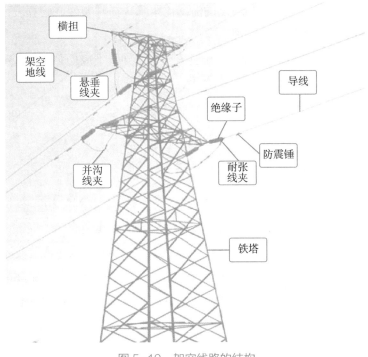

图 5-19　架空线路的结构

2. 架空线路的运行维护

杆塔位移与倾斜的允许范围：杆塔偏离线路中心线的距离不应大于 0.1 m；木杆与混凝土杆倾斜度（包括挠度）不应大于杆长的 15‰（直线杆塔、转角杆塔）；转角杆塔不应向内侧倾斜；终端杆塔不应向导线侧倾斜，向拉线侧倾斜应小于 0.2 m；50 m 以下铁塔的倾斜度不应大于 10‰，50 m 及以上铁塔的倾斜度不应大于 5‰。

混凝土杆不应有严重裂缝和流铁锈水等现象，保护层不应脱落、酥松和钢筋外露，不宜有纵向裂缝，横向裂缝不宜超过 1/3 周长，且裂缝宽度不宜大于 0.5 mm。

横担与金具应无严重锈蚀、变形和腐朽。横担上下倾斜、左右偏歪不应大于横担长度的 2%。

导线通过的最大负荷电流不应超过其长期允许电流。

导线、地线接头无变色和严重腐蚀，连接线夹螺栓应紧固；导线、地线应无断股；7 股线的每 1 股导线损伤深度不得超过该股导线直径的 1/2；19 股及以上的导线，某一处的损伤不得超过 3 股。

导线过引线、引下线与电杆构件、拉线、电杆间的净空距离：1 ～ 10 kV 不应小于 0.2 m，1 kV 以下不应小于 0.1 m。

三相导线的弧垂应力求一致，施工误差不得超过设计值的 -5% ～ +10%，一般档距导线弧垂相差不应超过 50 mm。

绝缘子应根据地区污秽等级和规定的泄漏比距来选择其型号，验算表面尺寸。

拉线应无断股、松弛和严重锈蚀。

接户线的绝缘层应完整，无剥落和开裂等现象。导线不应松弛，每根导线接头不应多于一个，且须用同一型号导线相连接。

二、电缆线路

1. 电缆线路的结构

电力电缆是传输和分配电能的一种特殊导线，它主要由导体、绝缘层和保护层三部分组成。电缆的导体就是电缆线芯，一般由多股铜绞线或铝绞线做成。

绝缘层主要作为电缆芯线的相间绝缘及对地绝缘，其材料因电缆种类不同而不同。

保护层又分内护层和外护层。内护层直接用来保护绝缘层，常用的材料有铅、铝和塑料等。外护层用于防止内护层遭受机械损伤和腐蚀，通常为钢丝或钢带构成的钢铠，外覆沥青、麻线和塑料护套。电缆线路的结构如图 5-20 所示。

2. 电缆的敷设

电缆的敷设方式通常有电缆隧道、电缆暗沟、电缆排管、直接埋入地下和沿墙敷设等方式，如图 5-21 至 5-23 所示，图中的数据单位为 mm。

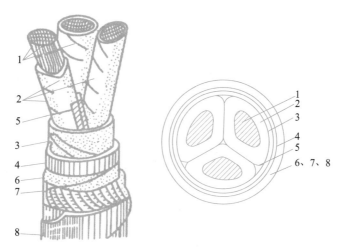

1—芯线；2—芯线绝缘层；3—统包绝缘层；4—密封护套；5 填充物；6—纸带；
7—钢带内衬；8—钢带铠装。

图 5-20　电缆线路的结构

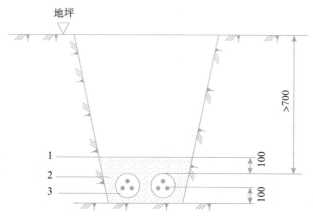

1—保护板（红砖或水泥板）；2—沙子；3—电缆。

图 5-21　直接埋入地下敷设方式

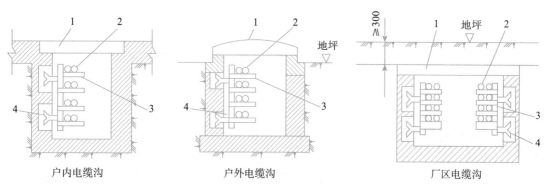

户内电缆沟　　　　　　户外电缆沟　　　　　　厂区电缆沟

1—盖板；2—电缆；3—电缆支架；4—预埋铁件。

图 5-22　电缆暗沟敷设方式

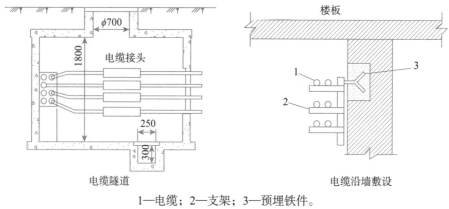

1—电缆；2—支架；3—预埋铁件。

图 5-23　电缆隧道敷设和沿墙敷设方式

3. 电缆线路的运行维护

电缆线路同架空线路一样，主要用于传输和分配电能。它具有受外界因素（如雷害、风灾等）影响小，供电可靠，对市容环境影响小，发生事故不易影响人身安全等优点，同时对无功平衡也有一定好处。主要缺点有成本高、故障点查找困难等。电缆线路运行维护中应注意以下几个问题。

（1）塑料电缆不允许进水。因为塑料一旦进水后，容易发生绝缘老化现象，特别是当导体温度较高时，导体内的水分引起的渗透老化会更为严重。所以在塑料电缆的运输、贮存、敷设和运行中都不允许进水。

（2）防止电缆过负荷运行。电缆运行的安全性与其载流量有着密切的关系，过负荷将会使电缆的事故率增加，同时还会缩短电缆的使用寿命。因过负荷造成的电缆损坏主要有以下几个方面：①造成导线接点的损坏；②加速电缆保护绝缘层的老化；③使电缆铅包膨胀，甚至出现龟裂现象；④使电缆终端头受沥青绝缘胶膨胀而胀裂。

（3）防止受外力损坏。电缆事故有相当一部分是由于外力机械破坏而引起的，所以在电缆运输、吊装、穿越建筑物敷设时，要特别注意外力的影响。在电缆线路附近施工时，要提示施工工人注意这一点，必要时采取保护措施。

（4）防止电缆终端头套管出现污闪。主要措施有定期清扫套管，最好是在停电条件下进行彻底清扫；在污秽严重的地区，要对电缆终端头套管涂上防污涂料，或者适当增加套管的绝缘等级。

三、车间配电线路

车间配电线路包括室内（车间内）配电线路和室外（车间外）配电线路。室内配电线路主要指从低压开关柜到车间动力配电箱的线路、车间总动力配电箱到各分动力配电箱的线路和配电箱到各用电设备的线路等，大多采用绝缘导线，但配电干线（母线）多采用裸导线，少数采用电缆。室外配电线路是指沿车间外墙或屋檐敷设的低压配电线路，也包括车间之间短距离的低压架空线路，一般采用绝缘导线。

1. 绝缘导线的结构和敷设

按芯线材质分，有铜芯和铝芯两种；按绝缘材料分，有橡皮绝缘和塑料绝缘两种。室内明敷和穿管敷设中应优先选用塑料绝缘导线。室外敷设宜优先选用橡皮绝缘导线。绝缘导线的明敷是导线直接或穿管、线槽等敷设于墙壁、顶棚的表面等处。绝缘导线的暗敷是导线穿管敷设于墙壁、顶棚及楼板等内部，或者在混凝土板孔内敷线等。

2. 裸导线的结构和敷设

车间内的母线采用裸导线，大多以 LMY 型硬铝母线最为普遍。现代化的生产车间大多采用封闭式母线（亦称"母线槽"）布线，其在车间内的应用如图 5-24 所示。

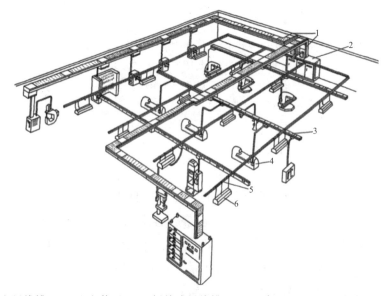

1—馈电母线槽；2—配电装置；3—插接式母线槽；4—机床；5—照明母线槽；6—灯具。

图 5-24　封闭式母线布线在车间内的应用

封闭式母线水平敷设时，至地面的距离不应小于 2.2 m，支持点间距不宜大于 2 m。垂直敷设时，距地面 1.8 m 以下部分应采取防止机械损伤措施，末端采用支架固定。封闭式母线终端无引出、引入线时，端头应封闭。裸导线相序颜色如表 5-6 所示。

表 5-6　裸导线相序颜色

裸导线类别	A 相	B 相	C 相	N 线和 PEN 线	PE 线
涂漆颜色	黄	绿	红	淡黄	黄绿双色

3. 车间配电线路的敷设

配电线路的敷设方式需要根据车间的环境特点、分类、建筑物的结构、安装上的要求及安全、经济、美观等条件来确定。车间配电线路的敷设方式如图 5-25 所示。

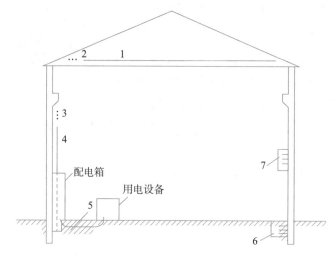

1—沿屋架横向明敷；2—跨屋架纵向明敷；3—沿墙或沿柱明敷；4—穿管明敷；5—地下穿管暗敷；
6—地沟内敷设；7—封闭型母线（桥形母线）。

图 5-25　车间配电线路的敷设方式

4. 车间配电线路的运行维护

车间配电线路需要有专门的维护电工，一般要求每周进行一次安全检查，检查项目如下。

（1）检查导线的发热情况。裸导线在正常运行时的最高允许温度一般为 70 ℃。一般要在母线接头处涂以变色漆或示温蜡，以检查其发热情况。

（2）检查线路的负荷情况。一般用钳形电流表来测量线路的负荷电流。

（3）检查配电箱、分线盒、开关、熔断器、母线槽及接地保护装置等的运行情况。

（4）检查线路及周围有无影响线路安全的异常情况。

（5）对敷设在潮湿、有腐蚀性物质的场所的线路和设备，要做定期的绝缘检查，绝缘电阻一般不得低于 0.5 MΩ。

任务四　掌握电气设备的倒闸操作

倒闸操作是指将电气设备由一种运行状态转换为另一种运行状态所进行的一系列操作。

一、电气设备的运行状态

电气设备的运行状态分为四种：运行、热备用、冷备用和检修。

1. 运行状态

运行状态：设备的断路器及隔离开关都闭合，电源到受电端的电路接通（包括辅助设备，如电压互感器、避雷器等），所有的继电保护及自动装置均在投入位置（调度有要求的除外），控制及操作回路正常。

2. 热备用状态

热备用状态：设备只有断路器断开，而隔离开关仍闭合，其他同运行状态。

3. 冷备用状态

冷备用状态：设备的断路器及隔离开关都在断开位置，切断电气设备操作电源，退出设备继电保护，如退出母线保护、失灵保护压板（包括连接其他开关的保护压板）。

4. 检修状态

检修状态：设备的所有断路器、隔离开关均断开，挂上接地线或合上接地闸刀，布置好安全措施。检修状态根据不同的设备又分为开关检修、线路检修等。

二、电气倒闸操作的基本原则

（1）倒闸操作必须执行《电业安全工作规程》电气部分的规定。

（2）除紧急操作和事故处理外，一切正常操作均应按规定填写操作票，并严格执行操作监护及复诵制度。

（3）在装设断路器的电路中，拉、合闸均使用断路器，绝对禁止试验隔离开关切断负荷电流。

（4）设备检修后和投入运行（投运）前应进行检查和试验。

（5）绝缘电阻不合格的设备不得将其投入运行或列为备用。

（6）不允许电气设备在无保护的情况下运行，设备运行方式如有变更，应及时改变继电保护及自动装置的运行方式，并保证与一次运行方式相适应，防止保护误动作或拒动。

（7）高、低压设备开关发生异常不能分闸操作时，应采用断开上一级开关的方法处理。

倒闸用语标准

（8）工厂用电系统倒闸操作一般应避免在交接班时进行，操作当中不应进行交接班，只有当操作完全终结或告一段落时，方可进行交接班。

三、倒闸操作前应遵守的要求

（1）在送电设备及系统上，不得有人工作，操作票应全部收回。同时设备要具备以下运行条件：

①发电厂或变电所的设备送电，线路及用户的设备必须具备受电条件；

②一次设备送电，相应的二次设备（控制、保护、信号、自动装置等）应处于备用状态；

③电动机送电所带机械必须具备转动条件，否则靠背轮应甩开；

④防止下错令将检修中的设备误接入系统送电。

（2）设备预防性试验合格，绝缘电阻符合规程要求，无影响运行的重大缺陷。

（3）严禁约时停送电、约时拆挂地线或约时检修设备。

（4）新建电厂或变电所，在基建、安装、调试结束及工程验收后、设备正式投运前，应经本单位主管领导同意及电网调度所下令批准，方可投入运行，以免忙中出错。

（5）应制定倒闸操作中防止设备异常的各项安全技术措施，并进行必要的准备。

（6）进行事故预想。电网及变电所的重大操作，调度员及操作人员均应做好事故预想；发电厂内的重大电气操作，除值长及电气值班人员要做好事故预想外，热机等主要车间的值班人员也要做好事故预想。事故预想要从电气操作可能出现的最坏情况出发，结合专业实际全面考虑。拟定的对策及应急措施要具体可行。

（8）正确使用绝缘安全工具，如绝缘棒、绝缘手套、绝缘垫等。

四、倒闸操作的注意事项

（1）倒闸后的运行方式应正确、合理及可靠，优先采用运行规程中规定的各种运行方式，使电气设备及继电保护尽可能处在最佳运行状态。

（2）倒闸操作不能影响继电保护及自动装置的运行。在倒闸操作过程中，如果预料有可能引起某些继电保护及自动装置误动作或失去正确配合，要提前采取措施或将其停用。

（3）系统高峰负荷期间、直流设备接地期间以及操作设备所在系统发生交流接地期间，一般不进行倒闸操作。

（4）要严格把关，防止误送电，避免发生设备事故及人身触电事故。

五、倒闸操作制度及有关规定

1. 倒闸操作的制度

倒闸操作是一项十分复杂、重要的工作。为了防止误操作事故的发生，保证电力系统的安全生产、经济运行，电气运行人员应严格遵守倒闸操作制度及有关方面的规定。

倒闸操作制度主要强调以下几个方面。

（1）操作指令的发受：属于系统调度管辖的设备由系统值班调度员发令操作，且一个操作指令只能由一个值班调度员下达。每次下达操作指令，只能给一个操作任务，只有变电所的副值班员以上的当班人员，才能接受调度的操作指令，同时必须履行一定的发、受令程序。

（2）倒闸操作票的填写：倒闸操作前，必须根据调度下达的命令票的要求，按安全规程、现场规程和典型操作票，将操作项目按先后顺序填写成倒闸操作票，按调度命令的项目和顺序逐项操作。

（3）操作的监护：无论是简单操作还是复杂操作，正常操作时都必须有合格的监护人进行监护。操作时，监护人应与操作人一起校对设备名称和编号，并始终认真监视操作人的每一个动作，若发现错误，立即纠正。

2. 倒闸操作的有关规定

（1）倒闸操作至少由两人进行，一人操作，一人监护。监护人应由比操作人职务高一级的人员担任，一般可由副值班员操作，正值班员监护。较为复杂的操作由正值班员操作，值班长监护。特别复杂的操作，应由值班长操作，站长或技术负责人监护。

（2）操作中产生疑问时，应立即停止操作，并向值班长或调度员询问清楚，不得擅自更改操作顺序和内容。

（3）操作中一定要按规定，使用合格的安全用具（如验电器、绝缘棒等），操作人员应穿工作服、绝缘鞋（雨天穿绝缘靴）。在高压配电装置上操作时，应戴安全帽。

（4）雷雨时禁止进行倒闸操作。

（5）操作时，操作人员一定要集中精力，严禁边操作边闲谈或做与操作无关的事，非参与操作的其他值班人员，应加强监护，密切注视设备的运行情况，做好事故预想，必要时提醒操作人员。

（6）为避免误操作的发生，除紧急情况及事故处理外，交接班时一般不要安排倒闸操作。条件允许时，重要的操作应尽可能安排在负荷低谷时进行，以减少误操作对电网的影响。

（7）倒闸操作应严格按照倒闸操作制度的要求进行。严格执行倒闸操作的两个阶段，十个步骤。

六、倒闸操作的实施过程及要求

使用倒闸操作票进行倒闸操作一般可划分为两个阶段，即准备阶段和执行阶段，共十个步骤。

1. 准备阶段

准备阶段共分五步完成。

（1）下票及受票。当值调度员向变电所值班人员下达操作任务和操作要求，即下达操作命令票或综合命令票。

①只有当值调度员才有下票权力，受票人必须是变电所副值班员以上的当班人员。

②下票及受票时，双方必须互报单位名称（所名）、本人职务、姓名，并启动录音设备，履行复诵制度。

③下票时，下票人要向受票人讲清操作任务、操作意图和操作要求，受票人受票后，应立即报告值班负责人。

（2）审查调度下达的命令票。值班负责人接到命令票后，应立即组织全体当班人员对所受命令票进行审查，产生疑问应向下票人询问清楚。

（3）填写倒闸操作票。

①审查完命令票，值班负责人应根据情况指定操作人填写操作票。

②填写操作票时，要对照一次系统模拟板进行，清楚当前的运行方式和设备的状态，不清楚时，要进行核对或询问清楚。

（4）审查倒闸操作票。

①操作人填写完操作票后，要进行一次自审，认为无误后，交监护人审查；监护人审查认为无误后，交值班负责人审查。

②审查时，审查人要对照一次系统模拟板进行，要认真仔细，严禁"一目十项"，走马观花。

③有关人员审查完毕，认为正确无误后，应分别签上自己的姓名，严禁他人代签。

（5）向调度员汇报操作票已填好，准备完毕。

2. 执行阶段

执行阶段即十个步骤的后五步。

（1）发令及受令。

①只有当值调度员才有权发布操作命令，受令一般由监护人承担。

②每次发令及受令，双方均要互报单位、个人职务和姓名，并启动录音设备，同时要重申命令票的号码和操作任务、操作要求，并履行复诵制度。

（2）模拟预演。正式操作前，操作人、监护人应先在模拟板上进行预演。

①预演要按照已填好的操作票的顺序进行。

②预演时，一定要集中精力，开动脑筋，认真思考，以达到核对检查操作顺序是否正确的目的，避免照本宣科。

（3）核对设备名称和编号无误后，监护人按照操作票上的内容高声唱票，操作人用手指点即将操作的设备，并高声复诵，两人一致认为无误后，监护人发出"对，执行"的命令，操作人方可进行操作。

（4）每一步操作完成后，应由监护人在已操作完的项目上打"√"记录，再向操作人说明下一步的操作内容。

（5）现场操作时，一定要严格按照操作票上操作内容的顺序进行，不得漏项或跳项操作，也不得擅自更换操作内容。

复查：全部操作完毕后，应对操作过的设备进行一次复查，以免漏项。

汇报：操作完毕后，应由监护人汇报。汇报同样要求互报单位、个人职务和姓名，并启动录音设备。汇报内容应包括：已执行的命令票号码、操作任务、内容完成情况及操作时间等。

拓展阅读

特高压行业中的"大国工匠"

特高压是电力领域的"大国重器"，也是全球最先进的输电技术。特高压变压器可以称得上是特高压电网的"心脏"，其安全稳定运行关系到特高压输电系统的安全。在首届大国工匠论坛展览展示区，2022年"大国工匠年度人物"、国网山东省电力公司超高压公司变电检修中心电气试验班副班长冯新岩特地带来了一套变压器典型局部放电信号模拟装置及远程诊断装置。

"特高压变压器绝缘出现异常就会在局部发生放电，会导致变压器故障停运，影响电力供应的可靠性。我们的职责就是提前发现隐患，避免事故发生"，专给特高压变电站的"心脏"做检查、做"手术"的冯新岩介绍。在运行状态下，检测到变压器内部放电很难，精准找出放电位置则更难，并且是一个世界性难题，之前检测的准确率都不到50%。他带领团队经过近20年的不断探索，实现了对特高压变压器运行状态的监测、诊断和实时远程分析。

这项成果的背后，是冯新岩23年奋战一线夯实的技术积累和匠心凝结。被称为"冯尔摩斯"的他，独创了基于故障模式分析的"望、闻、问、切"异常诊断体系，先后诊断出超高压、特高压设备严重缺陷百余起，避免因设备故障可能导致的损失超过10亿元。

党的二十大会议代表名单中有12位大国工匠当选，他们是王树军、毛胜利、艾爱国、刘丽、刘伯鸣、张新停、易冉、周皓、洪家光、阎敏、韩利萍、潘从明。他们是最普通的一员，在基层的岗位上默默奉献，成就了无数个"大国重器"，他们是国家发展的力量，是我们青年一代学习的榜样！

思考与练习

1．工厂变配电所的作用和任务是什么？

2．工厂变配电所的总体布置应考虑哪些要求？变压器室、高压配电室、低压配电室与值班室相互之间的位置通常是怎么考虑的？

3．简述工厂变配电所电气主接线几种形式的优缺点。

4. 工厂变配电所倒闸操作主要包括哪些类型？倒闸操作的基本原则是什么？倒闸操作的步骤有哪些？

5. 说明工厂架空线路、电缆线路、车间配电线路的维护内容。

项目总结

（1）变电所是从电力系统接受电能，经过变压器降压，按要求把电能分配到各车间供给各类用电设备。配电所是接受电能，按要求分配电能。两者所不同的是，变电所中有配电变压器，而配电所中没有配电变压器。变配电所主要由高压配电室、低压配电室、变压器室、电容器室和值班室等组成。

（2）变电所的布置形式有户内式、户外式和混合式三种。变电所一般采用户内式。户内式又分为单层布置和双层布置。一般 35 kV 户内变电所宜采用双层布置，6～10 kV 变配电所宜采用单层布置。

（3）电气主接线从电源系统接受电能，并通过出线或馈电线路分配电能。有母线的接线形式主要有单母线接线和双母线接线两种。无母线的接线形式主要有桥形接线、多角形接线和单元接线。

（4）工厂供配电线路按结构可分为架空线路、电缆线路和车间线路三类。

①架空线路：利用电杆架空敷设裸导线的户外线路。优点是投资少、维护检修方便；缺点是有碍交通和观瞻，且易受到环境影响，安全可靠性较差。

②电缆线路：利用电力电缆进行地下敷设的线路。优点是运行可靠、不易受外界影响，特别适用于有腐蚀性气体、易燃易爆，以及需要防止雷电波沿线路侵入的场所。缺点是成本高、不便维修、不易发现和排除故障。

③车间线路：指车间内外敷设的各类配电线路。

（5）倒闸操作及倒闸操作票的填写是电气值班人员必须熟练掌握的操作技能。倒闸操作票的填写应遵守设备和系统的操作原则，遵循一定的操作顺序和使用标准的术语，才能保证操作票合格，进行正确的倒闸操作。

任务工单 工厂变配电所的倒闸操作

任务名称		日期	
姓名		班级	
学号		实训场地	
一、安全与知识准备			

着装要求：穿绝缘靴、戴绝缘手套。

工具的选择：要求能满足工作需要，质量符合要求。

1.电气设备的四种状态指的是什么？

2.倒闸操作"七把关""五防"是什么？

3.怎么判断哪个是负荷侧，哪个是电源侧？停电时为什么先拉负荷侧再拉电源侧？送电时为什么先合电源侧再合负荷侧？

4.停电时为什么先拉断路器？

续表

二、计划与决策
1. 小组人员任务描述。   2. 写出断路器检修倒闸操作的操作步骤及注意事项。

三、任务实施
操作任务：某配电所的 601 断路器检修，WB1 由 WB2 供电。配电所主接线如图 5-26 所示。 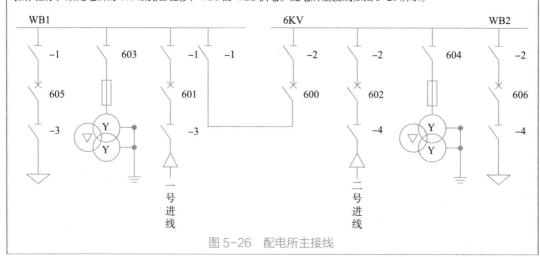 图 5-26　配电所主接线

正常运行方式：单母线分段解列运行。

操作票 1：

发令人		受令人	
操作开始时间： 年 月 日 时 分		操作结束时间： 年 月 日 时 分	

操作任务：601 断路器检修改为运行

顺序	操作项目	√
1	联系总调 1 号进线 601 准备停电，母联 600 开关准备合环	
2	将母联柜"BK"开关置"手动"位	
3	检查母联 600 开关两侧刀闸在"合"位	
4	合上母联 600 开关	
5	检查母联 600 开关确已合闸	
6	检查母联柜电流表有变化	
7	拉开 1 号进线 601 开关	
8	检查 2 号进线 602 不可过负荷	
9	取下 1 号进线 601 开关合闸保险	
10	检查 1 号进线 601 开关确已断开	
11	拉开 1 号进线 601-3 刀闸	
12	拉开 1 号进线 601-1 刀闸	
13	取下 1 号进线 601 开关控制保险	
14	联系总调停下 601 1 号电源进线	
15	验明 1 号进线 601-3 刀闸线路侧无电压	
16	在 601-3 刀闸线路侧挂 1 号接地线一组	
17	验明 1 号进线 601-1 刀闸开关侧无电压	
18	在 601-1 刀闸开关侧挂 2 号接地线一组	

续表

操作票 2：

发令人		受令人	
操作开始时间： 年 月 日 时 分		操作结束时间： 年 月 日 时 分	

<table>
<tr><th colspan="3">602 断路器由检修改为运行</th></tr>
<tr><th>顺序</th><th>操作项目</th><th>√</th></tr>
<tr><td>1</td><td>联系总调 1 号电源进线 601 准备送电</td><td></td></tr>
<tr><td>2</td><td>拆除 601-1 刀闸开关侧 2 号接地线</td><td></td></tr>
<tr><td>3</td><td>拆除 601-3 刀闸线路侧 1 号接地线</td><td></td></tr>
<tr><td>4</td><td>检查 1 号和 2 号接地线两组确已拆除</td><td></td></tr>
<tr><td>5</td><td>联系总调 1 号电源进线 601 送电</td><td></td></tr>
<tr><td>6</td><td>给上 1 号进线 601 开关控制保险</td><td></td></tr>
<tr><td>7</td><td>检查 1 号进线 601 开关确已断开</td><td></td></tr>
<tr><td>8</td><td>合上 1 号进线 601-1 刀闸</td><td></td></tr>
<tr><td>9</td><td>合上 1 号进线 601-3 刀闸</td><td></td></tr>
<tr><td>10</td><td>合上 1 号进线 601 合闸保险</td><td></td></tr>
<tr><td>11</td><td>合上 1 号进线 601 开关</td><td></td></tr>
<tr><td>12</td><td>检查 1 号进线 601 开关确已合闸</td><td></td></tr>
<tr><td>13</td><td>拉开母联柜 600 开关</td><td></td></tr>
<tr><td>14</td><td>检查母联柜 600 开关确已断开</td><td></td></tr>
<tr><td>15</td><td>将母联柜"BK"开关置"自动"</td><td></td></tr>
<tr><td>16</td><td>报告总调本操作执行完毕</td><td></td></tr>
</table>

四、检查与评估

根据完成本学习任务时的表现情况，进行同学间的互评。

考核项目	评分标准	分值	得分
团队合作	是否和谐	5	
活动参与	是否主动	5	
安全生产	有无安全隐患	10	
现场 6S	是否做到	10	
任务方案	是否合理	15	
操作过程	1. 2. 3.	30	
任务完成情况	是否圆满完成	5	
操作过程	是否标准规范	10	
劳动纪律	是否严格遵守	5	
工单填写	是否完整、规范	5	
评分			

项目六

供配电系统的过电流保护

目标导航

知识目标

1. 掌握供配电系统过电流保护的基本要求。
2. 掌握熔断器、低压断路器等元件在继电保护中的作用。
3. 掌握继电保护装置的工作原理、常用接线。
4. 熟悉电力变压器继电保护的具体措施。

技能目标

1. 会正确选择熔断器和低压断路器。
2. 会测试、调试继电器的参数。
3. 能对继电保护装置进行维护。
4. 能对变压器继电保护进行维护。

素质目标

1. 通过学习过电流保护的不同形式，明确安全在工作中的重要性。
2. 通过学习供配电系统的继电保护原理，增强解决实际问题的能力。

项目概述

本项目主要介绍工厂供配电系统过电流保护知识，熔断器保护、低压断路器保护原理与维护，常用继电保护的接线方式，电力变压器的继电保护知识等，重点介绍工厂供配电线路和电力变压器的继电保护原理，为从事工厂变配电系统运行与维护工作打下基础。

任务一 了解过电流保护的方式

一、过电流保护的分类和任务

工厂供配电系统过负荷和短路引起的过电流保护主要有熔断器保护、低压断路器保护和继电器保护等。

（1）熔断器保护适用于高、低压供配电系统，但因灵敏度低、熔体更换时间长影响供电可靠性。

（2）低压断路器保护适用于低压供配电系统，具有灵敏度高、故障恢复快、供电可靠性高等优点。

（3）继电器保护适用于高压供电所，因其供电可靠性高、操作灵活、自动化程度高、安全风险小而大量采用。它能对供配电系统中电气设备发生的故障或不正常运行状态做出快速反应——断路器跳闸或发出信号，通常由电流互感器和多个继电器组成。

对继电器保护的要求如下。

①在系统故障时跳闸，能自动、快速、有选择性地将故障设备或线路通过断路器从供配电系统中切除，保证其他非故障部分迅速恢复正常运行。

②在系统运行不正常时发出报警信号，提醒值班人员检查，及时消除故障。

二、过电流保护的基本要求

GB/T 50062—2008《电力装置的继电保护和自动装置设计规范》规定，过电流保护装置必须满足选择性、速动性、可靠性和灵敏性四项基本要求。

1. 选择性

选择性是指当供配电系统发生故障时，保护装置能有选择性地将故障部位切除，即离故障点最近的保护装置动作，切除故障，缩小停电范围。

2. 速动性

速动性是指在线路发生故障时，保护装置能快速动作并切除故障，减轻故障对系统造成的大面积停电，快速恢复正常状态。故障切除时间等于保护装置动作时间和断路器动作时间之和。

3. 可靠性

可靠性是指在线路发生故障时，保护装置应及时动作而不能不动作；正常工作情况下，保护装置应避开正常工作时某些设备的冲击电流，不能误动作。即该动要动，不该动不能动。

4.灵敏性

灵敏性是指保护装置在其保护范围内对故障或不正常运行状态的反应能力。在保护范围内发生故障时，要求保护装置能正确响应。

三、熔断器保护和断路器保护

1.熔断器保护

1）熔断器保护的概念

熔断器由熔管（又称熔体座）和熔体构成，通常串接在被保护的设备或线路上，当被保护设备出现短路或过电流时，熔体熔断，断开设备与电源的连接，保护后面设备不受进一步损坏。

2）熔断器在供配电系统中的配置

熔断器在供配电系统中的配置应符合选择性保护的要求，即熔断器要配置得可使故障范围缩小到最小限度。熔断器可在低压（500 V 以下）的电路中作为过载及短路保护，也可在高压系统中作为输配电线路及电力变压器的过载及短路保护，但要求配置的数量要尽量少。

熔断器在供配电系统中的配置要求如下。

（1）熔断器的额定电压应不小于装置安装处的工作电压。

（2）熔断器的额定电流应小于它所装设的线路的额定电流。

（3）熔断器的类型应符合安装处条件（户内或户外）及被保护设备的技术要求。

（4）熔断器的断流能力应进行校验。

（5）低压系统中禁止在 PEN（零线）和 PE（保护线）装设熔断器。

以熔断器在电动机保护系统中的配置（见图 6-1）为例，图中的 FU1 用来保护电动机及其支线。当 U12、V12、W12 三处任意一处短路时，FU1 熔断；当 U11、V11 两处任意一处短路时，FU2 熔断。

3）熔断器的选择

熔断器的类型应根据使用场合选择。电网配电一般用管式熔断器；电动机一般用螺旋式熔断器；照明电路一般用瓷插式熔断器；

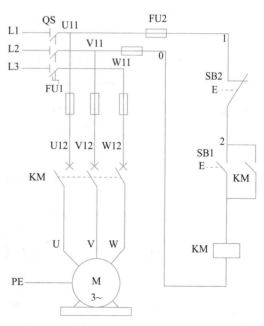

图 6-1 熔断器在电动机保护系统中的配置

可控硅元件选择快速熔断器。

熔体额定电流的选择：

①对于变压器、电炉和照明电路等负载，熔体的额定电流应略大于或等于负载电流；

②对于输配电线路，熔体的额定电流应略大于或等于线路的安全电流；

③对电动机负载，熔体的额定电流应等于电动机额定电流的 1.5 ～ 2.5 倍。

2. 低压断路器保护

1）低压断路器在低压配电系统中的配置

（1）单独接低压断路器或低压断路器 – 刀开关的方式。对于只装有一台主变压器的变电所，由于高压侧装有高压隔离开关，因此低压侧可单独装设低压断路器作为主开关，如图 6-2 所示。

（2）低压断路器与接触器配合的方式。对于频繁操作的低压配电线路，宜采用如图 6-3 所示的低压断路器与接触器配合的方式。接触器用于频繁操作控制，热继电器用于过负荷保护，而低压断路器主要用于短路保护。

图 6-2　适用于一台主变压器的变电所　　　图 6-3　适用于频繁操作的低压配电线路

（3）低压断路器与熔断器配合的方式。若低压断路器的断流能力不足以断开电路的短路电流时，则可与熔断器或熔断器式刀开关配合使用，如图 6-4 所示。熔断器用于短路保护，而低压断路器用于电路的通断控制和过负荷保护。

2）低压断路器过电流脱扣器的电流的选择和整定

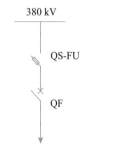

图 6-4　适用于低压断路器的断流
能力较小的低压配电线路

（1）低压断路器过电流脱扣器的额定电流的选择。低压断路器过电流脱扣器的额定电流 I_N 应不小于线路的计算电流 I_{30}。

（2）低压断路器过电流脱扣器的动作电流的整定。

①瞬时过电流脱扣器的动作电流应能躲过线路的尖峰电流。

②短延时过电流脱扣器的动作电流应能躲过线路短时间出现的负荷尖峰电流。短延时过电流脱扣器的动作

时间通常分 0.2 s、0.4 s 和 0.6 s 三级。

③长延时过电流脱扣器主要用来保护过负荷，因此其动作电流只需要躲过线路的最大负荷电流（计算电流）。过负荷电流越大，其动作时间越短。一般动作时间为 1 h ～ 2 h。

3）低压断路器热脱扣器的电流的选择和整定

（1）低压断路器热脱扣器的额定电流 I_N 应不小于线路的计算电流 I_{30}。

（2）低压断路器热脱扣器的动作电流取计算电流 I_{30} 的 1.1 倍。

4）低压断路器的选择

选择低压断路器时应满足下列条件。

（1）低压断路器的额定电压应不低于所保护线路的额定电压。

（2）低压断路器的额定电流应不小于所安装脱扣器的额定电流。

（3）低压断路器的类型应符合其安装场所保护性能及操作方式的要求。

任务二　了解常用保护继电器

一、常用保护继电器的分类

继电器是一种能够自动动作的电器，它根据输入量去控制主触头动作，从而达到分断电路的目的。继电器主要有控制继电器和保护继电器两类。控制继电器用于自动控制电路，保护继电器用于继电保护电路。

继电保护中常用的继电器有电流继电器、电压继电器、功率继电器、瓦斯（气体）继电器、时间继电器和信号继电器等。图 6-5 是线路过电流保护的接线框图。

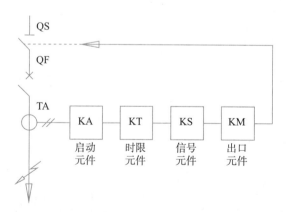

KA—电流继电器；KT—时间继电器；KS—信号继电器；KM—中间继电器。

图 6-5　线路过电流保护的接线框图

当线路上发生短路时，电流互感器发出信号，启动电流继电器 KA 瞬时动作，使时间继电器 KT 启动，KT 经整定的一定时限（延时）后，接通信号继电器 KS 和中间继电器

KM，KM 接通断路器 QF 的跳闸回路，使 QF 自动跳闸。

二、电磁式电流继电器

DL 型电磁式过电流继电器结构和端子功能如图 6-6 所示。由图可知，当继电器线圈 2 通过电流时，铁芯 1 中产生磁通，力图使可动舌片 3 向凸出磁极偏转。与此同时，轴上的弹簧 4 又力图阻止可动舌片 3 偏转。当继电器线圈中的电流增大到使可动舌片 3 所受的转矩大于弹簧 4 的反作用力矩时，可动舌片 3 便被吸近铁芯 1，使常开触头闭合，常闭触头断开，这时继电器动作。

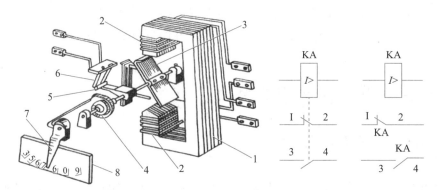

1—铁芯；2—线圈；3—可动舌片；4—弹簧；5—可动触点桥；6—静触点；7—调整把手；8—刻度盘。

图 6-6　DL 型电磁式过电流继电器结构和端子功能

电磁式电流继电器的动作极为迅速，可认为是瞬时动作的，因此它是一种瞬时继电器。

三、电磁式电压继电器

电磁式电压继电器的结构和工作原理与电磁式电流继电器极为相似，但电磁式电压继电器的线圈为电压线圈，可分为过电压继电器和欠电压继电器两种，应用较多的是欠电压继电器。

四、时间继电器

时间继电器是一种使用在较低电压或较小电流的电路上，用来接通或切断较高电压、较大电流的电路的电气元件。

1. 时间继电器的工作原理

时间继电器是利用电磁原理或机械动作原理实现触点延时接通或断开的自动控制电

器。直流电磁式时间继电器结构如图 6-7 所示，它是从触点得到输入信号（线圈通电或断电）起，经过一段时间的延时后才动作的继电器，主要应用于定时控制。

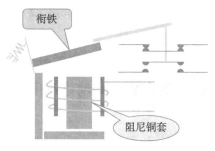

图 6-7　直流电磁式时间继电器结构

2. 延时原理

当衔铁未吸合时，磁路气隙大，线圈电感小，通电后励磁电流很快建立，将衔铁吸合，继电器触点立即改变状态。而当线圈断电时，铁芯中的磁通将衰减，磁通的变化将在铜套中产生感应电动势，并产生感应电流，阻止磁通衰减。当磁通下降到一定程度时，衔铁才能释放，触头改变状态，因此继电器吸合时是瞬时动作，而释放时是延时的，故称为断电延时。

3. 时间继电器的触点动作

通电延时型继电器结构如图 6-8 所示。当吸引线圈通电后，瞬动触点立即动作，延时触点经过一定延时再动作；当吸引线圈断电后，所有触点立即复位。

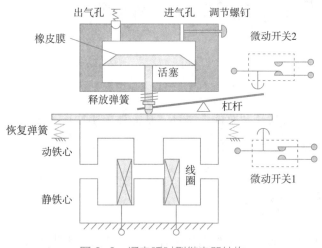

图 6-8　通电延时型继电器结构

4. 时间继电器调节时间的方法及触点动作

时间继电器调节时间的方法有按钮的，也有旋转的，都是在定好跳转时间以后，到时间其常开和常闭就会自动跳转，也就是常开变常闭，常闭变常开。

在图 6-9 中我们可以看到，2 和 7 是时间继电器的工作电源，也就是交流 220 V 电源的输入端，2 接零线，7 接火线，然后 1、3、4 是一组跳转触点，1 和 4 是常闭触点，也就是延时以前一直是闭合的，当设

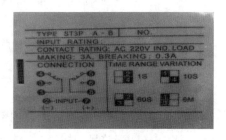

图 6-9　时间继电器

定的延时时间到达后，1 和 4 就从常闭变为了断开，这时 1 和 3 就接通了，这样就完成了延时跳转。

五、电磁式中间继电器

电磁式中间继电器（KM）在继电保护装置中用作辅助继电器，以弥补主继电器触头数量或触头容量的不足。它通常装在保护装置的出口回路中，用来接通断路器的跳闸线圈。DZ-10 系列电磁式中间继电器的外形与内部结构如图 6-10 所示。

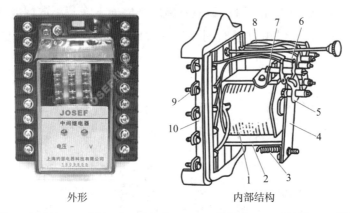

外形　　　　　　　　　　　　内部结构

1—线圈；2—电磁铁；3—弹簧；4—衔铁；5—动触头；6、7—静触头；8—连接线；9—接线端子；10—底座。

图 6-10　DZ-10 系列电磁式中间继电器的外形与内部结构

当线圈通电时，衔铁被快速吸向电磁铁，从而使触头切换；当线圈断电时，继电器就快速释放衔铁，触头全部返回起始位置。

六、电磁式信号继电器

信号继电器是自动控制系统中常用的电器，它用于接通和断开电路，用以发布控制命令和反映设备状态，以构成自动控制和远程控制电路，是铁路信号中的重要部件。

1. 动作原理

DX-11 型电磁式信号继电器内部结构如图 6-11 所示，当通入线圈的电流大于继电器动作电流要求时，衔铁被吸引，信号牌失去支持，靠自身重量落下，且保持于垂直位置，通过外壳的玻璃窗口可以看到信号牌。信号牌落下后，触点闭合，输出信号（接通声、光电路）。

2. 图形与文字符号

DX-11 型电磁式信号继电器内部接线和图形符号如图 6-12 所示，信号继电器的文字符号为 KS；图形符号用矩形表示其线圈。

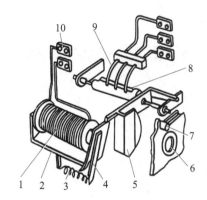

1—线圈；2—电磁铁；3—弹簧；4—衔铁；5—信号牌；6—玻璃窗孔；7—复位旋钮；
8—动触头；9—静触头；10—接线端子。

图 6-11　DX-11 型电磁式信号继电器内部结构

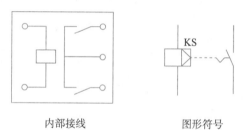

内部接线　　　　　　　　　图形符号

图 6-12　DX-11 型电磁式信号继电器内部接线和图形符号

七、感应式电流继电器

感应式电流继电器兼有电磁式电流继电器、电磁式时间继电器、电磁式信号继电器、电磁式中间继电器的功能。

在继电保护装置中，感应式电流继电器（见图 6-13）既能作为启动元件，又能实现延时、给出信号和直接接通分闸回路；既能实现带时限过电流保护，又能同时实现电流速断保护，从而大大简化继电保护装置。因此，感应式电流继电器在工厂供配电系统中应用广泛。

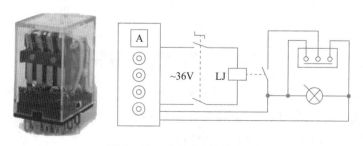

图 6-13　感应式电流继电器

了解继电保护装置的接线方式

在工厂供配电线路的继电保护装置中，电流继电器与电流互感器之间的接线方式，主要有两相两继电器式接线和两相一继电器式接线两种。

一、两相两继电器式接线

两相两继电器式接线又称为两相不完全星形连接，如图 6-14 所示。如果一次电路发生三相短路或任意两相短路，那么至少有一个继电器动作，从而使一次电路中的断路器跳闸。（注：该类图中大写的字母 U、V、W 表示在高压；小写的字母 u、v、w 表示在低压。）

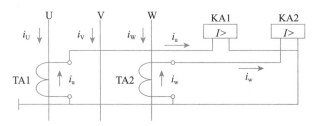

图 6-14　两相两继电器式接线

二、两相一继电器式接线

两相一继电器式接线又称为两相电流差接线（见图 6-15），图中的两个电流互感器接成电流差式，然后与电流继电器相连接。

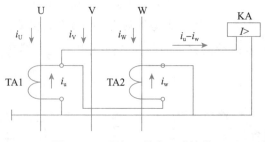

图 6-15　两相一继电器式接线

两相电流差接线能对各种相间短路故障做出反应，但短路形式不同时接线系数不同，保护装置的灵敏度也不同。因此，此接线方式不如两相两继电器式接线，但它少用一个继电器，简单经济，主要用于对高压电动机的保护。

学习工厂供配电线路的继电保护

一、工厂供配电线路继电保护的设置

工厂供配电线路的供电电压一般为 6～10 kV，属于小接地电流系统，可设置如下常用的继电保护。

1. 过电流保护

过电流保护按动作时限特性分为定时限过电流保护和反时限过电流保护。

（1）定时限过电流保护是指在线路发生故障时不管故障电流大小，只要故障电流超过整定值就发生动作。

（2）反时限过电流保护的动作时限与故障电流值成反比，故障电流越大，动作时限越短；故障电流越小，动作时限越长。

2. 电流速断保护

电流速断保护是指过电流时保护装置的瞬时动作，即当线路发生相间短路故障时，继电保护装置瞬时作用于高压断路器的跳闸机构，使断路器跳闸，切除短路故障。

3. 单相接地保护

当线路发生单相接地短路时，不切断主电路，只在控制室给出单相接地短路信号，提醒值班人员注意。

二、带时限的过电流保护

1. 定时限过电流保护装置

定时限过电流保护装置常用于电力系统中过电流的保护，通过设定的时间和电流限制来对电路进行保护。

定时限过电流保护装置的工作原理（见图 6-16）：当电路发生短路时，电流互感器 TA1 或 TA2 检测到故障电流，促使 KA1 或 KA2 动作，接通定时器 KT 电路，从而发出短路信号并作用于跳闸。

定时限过流保护的动作时限与故障电流之间的关系表现为定时限特性，即继电器保护动作时限与系统短路电流的数值大小无关，只要系统故障电流转换成保护装置中的电流，达到或超过保护的整定电流值，继电保护就以固有的整定时限动作，使断路器跳闸，切除故障。

当主电路出现过电流时，电流继电器使时间继电器开始计时，计时结束，继电器的常开触点闭合，并接通信号继电器来实现断路器跳闸。

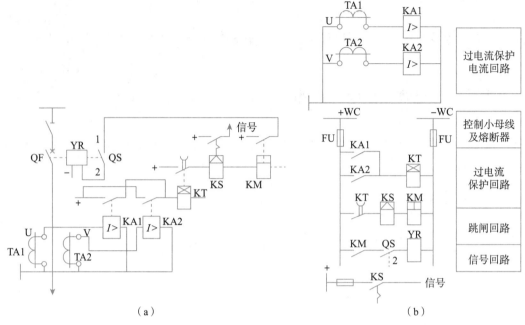

QF—断路器；KA—DL 型电流继电器；KT—DS 型时间继电器；KS—DX 型信号继电器；
KM—DZ 型中间继电器；YR—跳闸线圈。

图 6-16　定时限过电流保护装置工作原理

（a）原理接线；（b）展开接线

2. 反时限过电流保护装置

反时限过电流保护装置的工作原理（见图 6-17）：被保护设备（如电动机）故障时，故障电流（或称短路电流）越大，电流互感器 TA1 或 TA2 的电流就越大，该跳闸就越快，即上述电流和动作时间成反比。

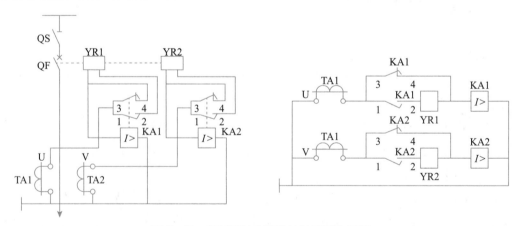

图 6-17　反时限过电流保护装置工作原理

反时限过电流保护装置的优点是设备少、接线简单；缺点是时限整定时，前后级配合较复杂。它主要用于中小型供配电系统中。

三、电流速断保护

电流速断保护是指当短路电流超过整定值时，保护装置动作，断路器跳闸。

1. 电流速断保护的概念

瞬时电流速断保护（简称电流速断保护或电流Ⅰ段）、限时电流速断保护（电流Ⅱ段）、过电流保护（电流Ⅲ段）这三段保护构成一套完整的电流速断保护。它们的区别是保护范围不同。

（1）瞬时电流速断保护：保护范围小于被保护线路的全长，一般设定为被保护线路全长的80%。

（2）限时电流速断保护：保护范围是被保护线路的全长或下一回线路的15%。

（3）过电流保护：保护范围为被保护线路的全长至下一回线路的全长。

2. 电流速断保护的特点

（1）接线简单，动作可靠，切除故障快，但不能保护线路全长，保护范围受到系统运行方式变化的影响较大。

（2）速断保护是一种短路保护，为了使速断保护动作具有选择性，一般电力系统中的速断保护都带有一定的时限，这就是限时速断。

（3）离负荷越近的开关保护时限设置得越短，末端的开关时限可以设置为零。这样就能保证在短路故障发生时近故障点的开关先跳闸，避免越级跳闸。定时限过流保护的目的是保护回路不过载。

四、单相接地保护

单相接地保护一般用于需要接地保护的电器。通常的家电采用的都是三线插座，其中一根为火线，一根为零线，一根为地线，当电器发生漏电时就通过地线入地，避免电器与人体接触时电流通过人体入地，达到安全用电之目的。

任务五 掌握电力变压器的继电保护措施

电力变压器是供配电系统中重要的电压变换设备，电力变压器的性能好坏直接影响供配电系统能否安全运行。

一、常见电力变压器运行过程中的不正常状态

（1）过负荷。

（2）外部相间短路引起的过电流。

（3）绕组的匝间短路。

（4）中性点直接接地、电网中外部接地短路引起的过电流及中性点过电压。

（5）绕组及其引出线的相间短路和在中性点直接接地侧的单相接地短路。

（6）油面降低。

（7）变压器温度升高，或油箱压力升高，或冷却系统发生故障。

6～10 kV 的车间变电所主变压器高压侧应设带时限的过电流保护装置和电流速断保护；对容量在 800 kVA 及以上的油浸式电力变压器和 400 kVA 及以上的车间内油浸式电力变压器，按规定还应装设瓦斯保护装置，以便在发生事故时给出信号并动作于跳闸。

二、电力变压器继电保护的设置

根据电力变压器故障的类型，依据我国住房和城乡建设部发布的 GB 50062—2008《电力装置的继电保护和自动装置设计规范》规定，对电力变压器的下列故障及异常运行方式，电力变压器应设置下列保护。

（1）瓦斯保护。油浸式电力变压器内部故障和故障造成油面降低时给出信号并跳闸。

（2）差动保护或电流速断保护。因电力变压器内部故障和引出线的相间短路、接地短路时跳闸。

（3）过电流保护。因电力变压器外部线路短路引起过电流时作用于跳闸。

（4）过负荷保护。电力变压器过载时动作于信号。

（5）温度保护。电力变压器过温和油冷却系统故障时作用于信号。

三、电力变压器的过电流、电流速断和过负荷保护

1. 电力变压器的过电流保护

电力变压器都要装设过电流保护装置。过电流保护装置装设在变压器的电源侧，主要对电力变压器的外部短路过电流和变压器内部故障实施保护。

2. 电力变压器的电流速断保护

在电力变压器故障造成过电流时，其电流速断保护可保护电力变压器并延时 0.5 s 动作。

3. 电力变压器的过负荷保护

在电力变压器过负荷电流时保护，其过负荷保护可电力变压器并延时动作、发出信号。

图 6-18 为电力变压器的定时限过电流保护、电流速断保护和过负荷保护的综合电路。当电力变压器的高压侧一相或两相发生过电流时，电流互感器给过电流继电器传递信号使其线圈动作于触点而接通定时器 KT，KT 动作触点接通过流跳闸信号并通过继电器 KM 接通 QF1 使主线路断路器动作；当电流过大触发速断跳闸继电器，继电器动作于继电器

KM，触发主回路断路器动作，断开主电路。

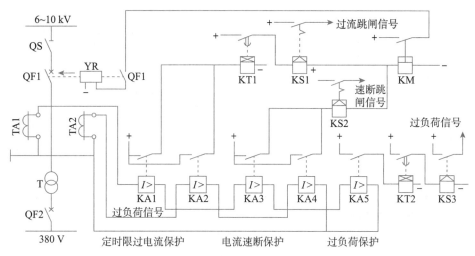

图6-18 电力变压器的定时限过电流保护、电流速断保护和过负荷保护综合电路

四、电力变压器低压侧的单相短路保护

电力变压器低压侧装设三相断路器。在低压侧三相装设熔断器，适用于带非重要负荷的小容量变压器。

在变压器中性线上装设零序电流保护器。当变压器低压侧发生单相接地短路时，零序电流经零序电流互感器使电流继电器KA动作，接通断路器QF跳闸，切断主线路，如图6-19所示。

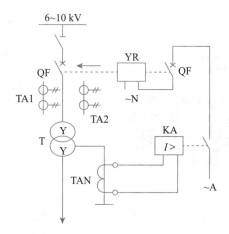

QF—断路器；TAN—零序电流互感器；KA—电流继电器（GL型）；YR—跳闸线圈。

图6-19 变压器的零序电流保护原理接线示意

图6-20所示是变压器低压侧单相短路保护的过电流保护接线示意，其利用两相三继

电器式接线或三相三继电器式接线来实现过电流保护。

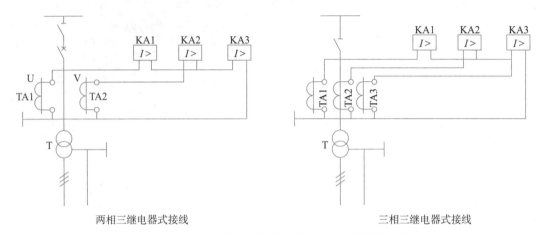

两相三继电器式接线　　　　　　　　　三相三继电器式接线

图 6-20　变压器低压侧单相短路保护的过电流保护接线示意

五、电力变压器的瓦斯保护

瓦斯保护的基本原理是变压器油连通管中装设的瓦斯继电器（气体继电器）因变压器故障造成的油面变化而发生动作，从而产生信号并根据情况作用于跳闸。它装在油浸式电力变压器的油箱与油枕（储油柜）之间的连通管中部。

1. 瓦斯继电器的结构和工作原理

FJ3-80 型瓦斯继电器结构如图 6-21 所示。

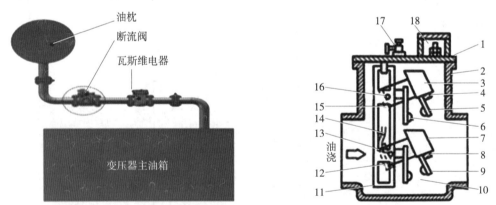

1—盖；2—容器；3—上油杯；4—永久磁铁；5—上动点；6—下静触点；7—下油杯；8—永久磁铁；
9—下动触点；10—下静触点；11—支架；12—下油杯平衡锤；13—下油杯转轴；14—挡板；
15—上油杯平衡锤；16—上油杯转轴；17—放气阀；18—接线盒。

图 6-21　FJ3-80 型瓦斯继电器结构

在变压器正常运行时，瓦斯继电器容器内的上、下油杯均由于各自的平衡锤作用而升起，如图 6-22（a）所示，此时上下两对触头都是断开的。

当变压器油箱内部发生轻微故障时，过温会使冷却油产生的少量气体进入瓦斯继电器容器内，使油面下降，上油杯因力矩平衡被打破而降落，接通上触点电路，发出音响和灯光信号，称为轻瓦斯动作，如图6-22（b）所示。

当变压器油箱内部发生严重故障时（如相间短路、铁芯起火等），故障产生的气体压力较大，油杯下降，如图6-22（c）所示。这时下触头闭合而接通跳闸回路（通过中间继电器），使断路器跳闸，同时发出音响和灯光信号（通过信号继电器），称为重瓦斯动作。

若变压器油箱严重漏油，油面下降较多，瓦斯继电器的上油杯下降，发出报警信号，并使断路器跳闸，同时发出跳闸信号，如图6-22（d）所示。

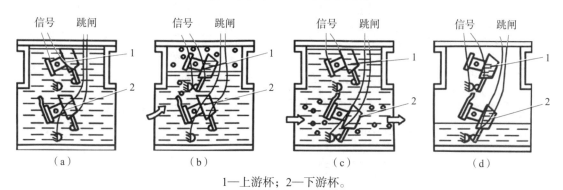

1—上游杯；2—下游杯。

图6-22 瓦斯继电器动作说明

（a）正常状态；（b）轻瓦斯动作；（c）重瓦斯动作；（d）严重漏油

2. 电力变压器瓦斯保护的接线

图6-23是电力变压器瓦斯保护的电路示意。当变压器内部发生轻微故障（轻瓦斯故障）时，瓦斯继电器 KG 的上触头 KG1-2 闭合，动作于报警信号；当变压器内部发生严重

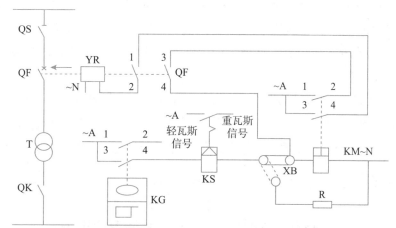

T—油浸式电力变压器；KG—瓦斯继电器；KS—信号继电器；KM—中间继电器；
QF—断路器；YR—跳闸线圈；XB—切换片。

图6-23 电力变压器瓦斯保护电路示意

故障（重瓦斯故障）时，瓦斯继电器 KG 的下触头 KG3-4 闭合，通常经中间继电器 KM 动作于断路器 QF 的跳闸线圈 YR，同时通过信号继电器 KS 发出跳闸信号。

六、电力变压器纵联差动保护

图 6-24 是电力变压器纵联差动保护的单相原理电路示意。

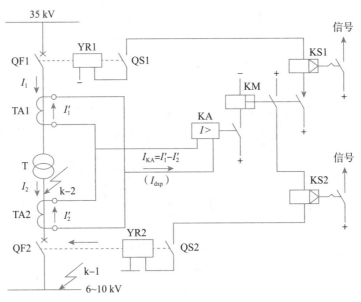

图 6-24　电力变压器纵联差动保护的单相原理电路示意

将变压器两侧电流互感器 TA1、TA2 同极性相互连接起来，电流继电器连接于两连线之间，流过电流继电器 K_A 的电流 $K_A = I'_1 - I'_2$，当线路中的 k-1 点发生短路时，电流互感器 TA1 的二次电流 $I'_1 = I'_2$，$K_A = 0$，电流继电器 KA（或差动继电器 KD）不动作。而当差动保护的保护区内的 k-2 点发生短路时，$I'_2 = 0$，因此 I'_1 很大，超过电流继电器 KA（或差动继电器 KD）的整定动作电流，触点接通，使继电器 KM 动作，驱动断路器 QF 跳闸，并通过信号继电器 KS 发出信号。

电力变压器纵联差动保护的工作原理：当正常工作或变压器外部发生故障时，流入电流继电器的电流为不平衡电流，差动保护装置不动作；当在保护范围内电力变压器内部发生故障时，流入电流继电器的电流大于差动保护的动作电流，差动保护装置动作于跳闸。

拓展阅读

世界最大特高压交流变压器研发成功

近年来，我国国家电网公司重点科研项目——特高压交流变压器项目取得重大突破。

由河北省天威保变（秦皇岛）变压器有限公司自行研制，具有完全自主知识产权和核心技术的世界首台最高电压和最大容量150万千伏安/1000千伏单相特高压交流变压器样机在天威保变（秦皇岛）变压器有限公司顺利通过所有试验项目考核，主要技术性能指标达到国际领先水平。这台巨大变压器的研制成功，对国家电网远程特高压传输电力，减少电能损耗来说，具有划时代意义。

据悉，电压等级越高，对电能的保有量越大，特高压输电变压器的研发成功可以大大降低远程电力传输的电能损耗，对国民经济发展具有重大意义。这一研发的成功，对国家超高压输电的技术可行性提供了事实证明。比世界上首条投入商业运行的1000千伏晋东南到湖北荆门特高压交流试验示范工程采用的100万千伏安的特高压交流变压器容量增大了50%，是目前世界上电压最高、容量最大的交流变压器。特高压输电对国家拉动内需，振兴国内经济，尤其对国家整体电网的电力走廊建设具有重大意义。科研攻关人员历时半年，经过几十项测试，最终完成。无论从技术含量还是产品功能上都达到了世界领先水平。

研发核心技术，突破"卡脖子工程"，是现今我国科学技术研究的价值取向。广大青年学生要深入学习习近平总书记《为建设世界科技强国而奋斗——在全国科技创新大会、两院院士大会、中国科协第九次全国代表大会上的讲话》重要讲话精神，不忘初心、牢记使命，为实现中华民族伟大复兴而团结奋斗。

思考与练习

1. 继电保护装置的任务是什么？继电保护装置应满足哪些基本要求？

2. 低压配电系统中的低压断路器应如何配置？其脱扣器的电流应如何选择和整定？

3. 两相两继电器式接线和两相一继电器式接线作为相间短路保护，各有哪些优缺点？

4. 电力变压器的哪些故障及异常运行方式应设置保护装置？应设置哪些保护装置？

5. 电力变压器在哪些情况下需要装设瓦斯保护装置？在什么情况下轻瓦斯动作，什么情况下重瓦斯动作？

项目总结

（1）继电保护装置的基本任务是能自动、快速且有选择性地将故障设备或线路从电力系统中切除，使故障或线路免于继续受到破坏，保证其他非故障部分迅速恢复正常运行。

（2）熔断器在工厂供配电系统中用于过电流保护，应使其符合选择性保护的要求，使故障范围缩小到最小限度，同时应合理选择熔断器熔体的额定电流。

（3）低压断路器在低压配电系统中用于过电流保护，应正确选择其配置方式，合理选择和整定脱扣器的电流。它通常有单独接低压断路器或低压断路器-刀开关，低压断路器与接触器配合，低压断路器与熔断器配合三种方式。

（4）继电器是一种能够自动动作的电器，它根据输入量去控制主触头动作，从而达到分断电路的目的。继电器主要有控制继电器和保护继电器两类。控制继电器用于自动控制电路，保护继电器用于继电保护电路。继电保护中常用的继电器有电流继电器、电压继电器、功率继电器、瓦斯（气体）继电器、时间继电器和信号继电器等。

（5）工厂供配电线路的继电保护接线方式主要有两相两继电器式接线和两相一继电器式接线。两相两继电器式接线多用在 60 kV 及以下的小电流接地系统中。两相一继电器式接线只能用来对线路相间短路进行保护，主要用在 10 kV 以下线路中作为相间短路保护和电动机保护。

（6）工厂供配电系统的继电保护设置带时限的过电流保护、电流速断保护可作为相间短路的保护；设置单相接地保护，当线路发生单相接地短路时，会发出报警信号或动作于断路器跳闸。带时限的过电流保护分为定时限过电流保护和反时限过电流保护两种。

（7）电力变压器的继电保护通常设置瓦斯保护、差动保护、电流速断保护、过电流保护、过负荷保护、温度保护。其中瓦斯保护、差动保护是变压器的主保护，而过电流保护是变压器的后备保护。瓦斯保护不能单独作为变压器的主保护，而是与差动保护或电流速断保护一起作为变压器的主保护。

任务工单　供配电系统继电保护装置的维护

任务名称		日期	
姓名		班级	
学号		实训场地	

一、安全与知识准备

（1）工具的选择、检查：要求能满足工作需要，质量符合要求。
（2）着装、穿戴：穿工作服、绝缘鞋，戴安全帽等。

二、计划与决策

请根据任务要求，确定所需要的检测仪器、工具，制定详细的作业计划。
1. 检测仪器与工具校验的步骤。

2. 作业中的安全措施。
（1）定期检查安全措施叙述。

（2）停电检修安全措施叙述。

三、任务实施

1. 继电保护系统的检查。
（1）检查继电器外壳有无破损裂纹，整定值的位置是否变动（漆封或铅封）。
（2）检查继电器接点有无卡住、变位倾斜、烧伤，以及脱轴、脱焊等异常。
（3）检查感应式继电器的铝盘转动是否正常，经常带电的继电器的接点是否有较大的抖动或磨损，线圈及附加电阻有无过热现象。
（4）检查压板及转换开关的位置是否与运行要求一致。
（5）检查信号指示灯是否正常。

2.在实施的过程中，是否存在一些安全隐患？请找出容易忽视的地方。

（1）安全着装：

（2）电气仪表的检测：

3.简述本任务的过程及注意事项。

（1）安全着装。

（2）确认检测工具是否正常。

（3）确认操作票是否规范，是否进行了模拟练习。

（4）根据操作票定期检查。

（5）根据操作票完成停电检修。

四、检查与评估

根据完成本学习任务时的表现情况，进行同学间的互评。

考核项目	评分标准	分值	得分
团队合作	是否和谐	5	
活动参与	是否主动	5	
安全生产	有无安全隐患	10	
现场6S	是否做到	10	
任务方案	是否合理	15	
操作过程	1. 2. 3.	30	
任务完成情况	是否圆满完成	5	
操作过程	是否标准规范	10	
劳动纪律	是否严格遵守	5	
工单填写	是否完整、规范	5	
评分			

项目七

供配电系统的接地、接零与漏电保护

目标导航

知识目标

① 熟悉接地与接零的概念。

② 掌握接地装置的装设方法。

③ 熟悉不同系统接地电阻的要求。

技能目标

① 能正确判断电气系统的接地类型。

② 能根据不同的接地系统正确安装和使用漏电保护器。

素质目标

① 通过判断接地的不同类型，提升观察和团队合作能力。

② 通过思考漏电保护与接地类型的匹配，增强独立思考和解决实际问题的能力。

项目概述

本项目主要介绍接地装置的选用和安装、电力系统接地的几种类型以及在不同的接地系统中如何正确使用漏电保护器。正确使用漏电保护器不仅可以防止漏电，也是安全用电、避免电气火灾的重要保护方法，在工厂供配电安全生产中具有重要作用。

任务一　认识供配电系统的接地保护

一、接地的有关概念

1. 接地和接地装置

将电气设备金属外壳与大地进行电气连接，称为接地。深埋地中的金属导体，称为接地体或接地极。专门为接地装设的接地体，称为人工接地体。直接与大地接触的各种金属构件、金属管道及建筑物的钢筋混凝土基础等，称为自然接地体。连接接地体与设备、装置接地部分的金属导体，称为接地线。接地线与接地体合称接地装置。由若干接地体在大地中用接地线相互连接起来的一个整体，称为接地网，如图 7-1 所示。其中，接地线又分为接地干线和接地支线。接地干线一般不少于两个导体并在不同地点与接地网相连接。

2. 接地电流

当电气设备发生接地故障时，电流通过接地体向大地呈半球形向地下流散，这一电流称为接地电流，用 I_E 表示。这半球形的球面，电流距离接地体越远，球面越大，其流散电阻越小，相对于接地点的电位来说，其电位也越低。接地电流电位分布曲线如图 7-2 所示。

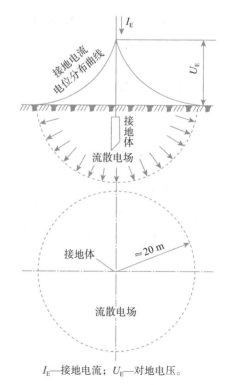

I_E—接地电流；U_E—对地电压。

图 7-2　接地电流电位分布曲线

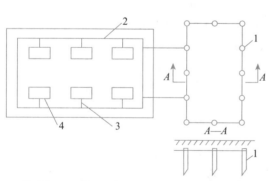

1—接地体；2—接地干线；3—接地支线；4—电气设备。

图 7-1　接地网示意

试验表明，在距离接地故障点约 20 m 的地方，流散电场实际上已接近于零，电位为零的地方，称为电气上的"地"或"大地"。

二、电气设备接地装置的装设

1. 人工接地体的选用

人工接地体的材料应尽量选用圆钢或扁钢，垂直接地体应尽量选用角钢、圆钢或钢管。水平接地体的截面积不应小于接地线截面积的 75%，钢接地体和接地线的最小规格（根据 GB 50169—2016）不应小于表 7-1 所列规格。

表 7-1　钢接地体和接地线的最小规格

种类、规格及单位		地上		地下	
		室内	室外	交流回路	直流回路
圆钢直径 /mm		6	8	10	12
扁钢	截面积 /mm²	60	100	100	100
	厚度 /mm	3	4	4	6
角钢厚度 /mm		2	2.5	4	6
钢管管壁厚度 /mm		2.5	2.5	3.5	4.5

注：1. 电力线路杆塔的接地体引出线截面积不应小于 50 mm²；引出线应热镀锌。

2. 根据 GB 50057—2010《建筑物防雷设计规范》规定，防雷的接地装置，圆钢直径不应小于 10 mm；扁钢截面积不应小于 100 mm²，厚度不应小于 4 mm；角钢厚度不应小于 4 mm；钢管管壁厚度不应小于 3.5 mm。作为引下线，圆钢直径不应小于 8 mm；扁钢截面积不应小于 48 mm²，厚度不应小于 4 mm。

2. 自然接地体的选用

在设计和装设接地装置时应利用自然接地体。除变配电所外，一般不必再装设人工接地装置。利用自然接地体时，一定要保证其良好的电气连接。在建、构筑物结构的结合处，除已焊接的外，都要采用跨接焊接，而且跨接线不得小于规定值。

可作为自然接地体的有如下几种。

（1）埋设在地下的金属管道，但不包括可燃和有爆炸物质的管道。

（2）金属井管。

（3）与大地有可靠连接的金属结构，如建筑物的钢筋混凝土基础、行车的钢轨等。

（4）人工构筑物及其他坐落于水或潮湿土壤环境的构筑物的金属管、桩、基础层钢筋网等。

3. 人工接地体的装设方式

人工接地体按装设方式可分为垂直接地体和水平接地体，如图 7-3 所示。

（1）垂直接地体宜选用热镀锌的角钢或钢管，垂直埋入地下，其长度一般不小于 2.5 m。为减小相邻接地体的屏蔽效应，垂直接地体间的距离及水平接地体间的距离一般为 5 m，当受地方限制时，可适当减小。

（2）水平接地体宜选用热镀锌的圆钢或扁钢，水平铺设在地面以下 0.5 ～ 1 m 的坑内，其长度以 5 ～ 20 m 为宜。

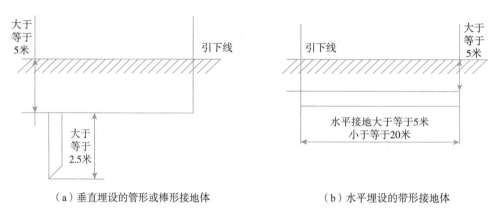

（a）垂直埋设的管形或棒形接地体　　　　　　（b）水平埋设的带形接地体

图 7-3　人工接地体

为减小相邻接地体的屏蔽效应，垂直接地体间的距离及水平接地体间的距离一般为 5 m，当地方受限制时，可适当减小；为了减少外界温度变化对流散电阻的影响，埋入地下的接地体，其顶端离地面不宜小于 0.6 m。

4. 接地线的选用

埋入地下的各接地体必须用接地线将其互相连接构成接地网。接地线的安装位置应合理，便于检查。接地线必须保证连接牢固，一般选用扁钢或钢管作为人工接地线，其截面除满足热稳定性的要求外，也应满足机械强度的要求。

三、接地的类型

电力系统和电气设备的接地，按其功能分为工作接地、保护接地、重复接地、防雷接地和防静电接地等。

1. 工作接地

工作接地是为保证电力系统和设备达到正常工作要求而进行的一种接地，如电源的中性点接地、防雷装置的接地、变压器的中性点接地等。

2. 保护接地

保护接地指为保障人身安全，防止间接触电而将设备的外露可导电部分接地。保护接地的功能说明如图 7-4 所示。若电气设备外壳没有保护接地，则当电气设备的绝缘损坏发生一相碰壳故障时，设备外壳电位将上升为相电压，人接触设备时，故障电流将全部通过人体流入地下，这是很危险的；若电气设备外壳有保护接地，当发生类似情况时，接地电阻和人体电阻形成了并联电路，由于人体电阻远大于接地电阻，流经人体电流较小，避免或减轻了人体触电的危害。

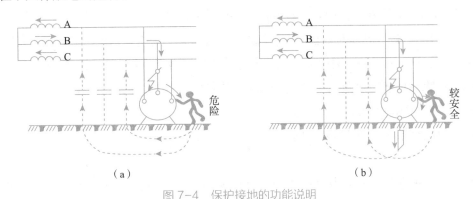

图 7-4 保护接地的功能说明

(a) 电动机没有保护接地时；(b) 电动机有保护接地时

保护接地通常用于中性点不接地的系统中，如 TT 系统和 IT 系统中设备外壳的接地。

3. 重复接地

在 TN 系统中，为确保公共 PE 线或 PEN 线安全可靠，除在电源中性点处进行工作接地外，还应在 PE 线或 PEN 线的下列地点进行重复接地：①在架空线路终端及沿线每隔 1 km 处；②在电缆和架空线路引入车间和其他建筑物处。

4. 防雷接地

防雷接地的作用是将接闪器引入的雷电流泄入地中，将线路上传入的雷电流通过避雷器或放电间隙泄入地中。此外，防雷接地还能将雷云静电感应产生的静电感应电荷引入地下以防止产生过电压。

5. 防静电接地

防静电接地是消除静电危害的最有效和最简单的措施，但仅对消除金属导体上的静电有效，集成电路制造及装配车间、电子计算机中心操作室等建筑物中非导体上的静电，则主要依靠防护材料的设计和安装来解决。

四、认识低压配电系统的接地形式

依据 GB 14050—2008《系统接地的型式及安全技术要求》规范，我国的 220/380 V 低压配电系统广泛采用中性点直接接地的运行方式，而且引出有中性线（N 线）、保护线（PE 线）或保护中性线（PEN 线）。根据接地形式的不同，低压配电系统按其保护接地形式分为 TN 系统、TT 系统和 IT 系统。

接地保护系统形式的文字符号意义。

（1）第一个字母表示电力系统的对地关系。

T——直接接地；

I——所有带电部分与地绝缘或经阻抗接地。

（2）第二个字母表示装置的外露可接近导体的对地关系。

T——外露可接近导体对地直接作电气连接，此接地点与电力系统的接地点无直接关联；

N——外露可接近导体通过保护线与电力系统的接地点直接作电气连接。

（3）如果后面还有字母时，这些字母表示中性线与保护线的结合。

S——中性线和保护线是分开的；

C——中性线和保护线是合一的。

1. TN 系统

TN 系统中的电源中性点直接接地，其中所有设备的外露可导电部分（如金属外壳、金属构架等）均接公共保护接地线（PE 线）或公共保护中性线（PEN 线）。这种接公共保护接地线（PE 线）或接公共保护中性线（PEN 线）的方式，统称为接零。TN 系统又分为以下三种形式。

1）TN-C 系统

TN-C 系统中的 N 线与 PE 线合为一根 PEN 线，所有设备的外露可导电部分均接 PEN 线，如图 7-5 所示。如果 PEN 线断开，会使接 PEN 线的设备的外露可导电部分带电，对人来说有触电危险，且 TN-C 系统不能接漏电保护器。因此，该系统不适用于对安全要求和抗电磁干扰要求较高的场所。

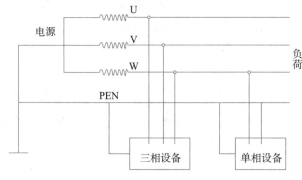

图 7-5　TN-C 系统示意

2）TN-S 系统

TN-S 系统中的 N 线与 PE 线完全分开，所有设备的外露可导电部分均接 PE 线，如图 7-6 所示。PE 线中没有电流通过，该系统广泛应用于对安全要求和抗电磁干扰要求较高的场所，如重要办公地点、实验场所和居民住宅等。

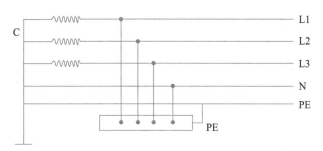

图 7-6　TN-S 系统示意

3）TN-C-S 系统

TN-C-S 系统的前一部分为 TN-C 系统，而后面则有一部分为 TN-S 系统，如图 7-7 所示。该系统比较灵活，在对安全要求和抗电磁干扰要求较高的场所采用 TN-S 系统配电，而其他场所则采用较经济的 TN-C 系统配电。

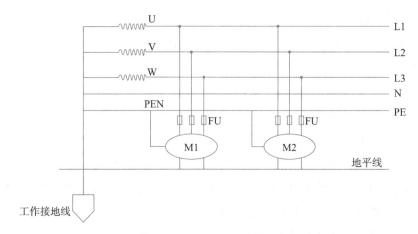

图 7-7　TN-C-S 系统示意

2.TT 系统

TT 系统中的电源中性点直接接地，所有设备的外露可导电部分均各自经 PE 线单独接地，如图 7-8 所示。由于各设备的 PE 线之间无电气联系，因此相互之间无电磁干扰。该系统适用于对安全要求和抗电磁干扰要求较高的场所。TT 系统可以直接使用漏电保护器，当被保护的设备发生漏电时，漏电保护器将直接跳闸。

3.IT 系统

IT 系统中的电源中性点不接地或经约 1000 Ω 的阻抗接地，其中所有设备的外露可导电部分也都各自经 PE 线单独接地，如图 7-9 所示。该系统中各设备之间不会发生电磁干扰，且在发生单相接地故障时，三相设备及连接额定电压为线电压的单相设备仍可继续运行，但需装设单相接地保护装置，以便在发生单相接地故障时发出报警信号。该系统主要用于对连续供电要求较高及有易燃易爆危险的场所，如矿山、井下等。

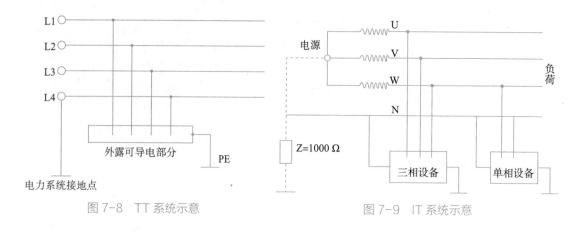

图 7-8　TT 系统示意　　　　　　　　　图 7-9　IT 系统示意

五、电气设备的接地装置

1. 电气设备中应该接地或接零的金属部分

根据 GB 50169—2016《电气装置安装工程 接地装置施工与验收规范》的要求，电气设备的下列金属部分必须接地。

（1）电机、变压器等电气设备、携带式或移动式用电器具等的金属底座、框架及外壳。

（2）电气设备的传动装置。

（3）室内外配电装置的金属或钢筋混凝土构架及靠近带电部分的金属遮栏和金属门。

（4）配电、控制、保护用的屏（柜、箱）及操作台等的金属框架和底座。

（5）交流与直流电力电缆的接头盒、终端头和膨胀器的金属外壳与电缆的金属护层，以及可触及的电缆金属保护管和穿线的钢管。

（6）电缆桥架、支架和井架。

（7）装有避雷线的电力线路杆塔和装在配电线路杆上的电力设备。

（8）在非沥青地面的居民区内，无避雷线的小接地电流架空电力线路的金属杆塔和钢筋混凝土杆塔。

（9）变电站（换流站）的构架、支架。

（10）封闭母线的外壳及其他裸露的金属部分。

（11）六氟化硫封闭式组合电器和箱式变电站的金属箱体。

（12）电热设备的金属外壳。

（13）控制电缆的金属护层。

（14）互感器的二次绕组。

2. 电气设备中可不接地或不接零的金属部分

电气设备的下列金属部分可不接地或不接零。

（1）在木质、沥青等不良导电地面的干燥房间内，交流额定电压为 380 V 及以下或直流额定电压为 440 V 及以下的电气设备的外壳。但当有可能同时触及上述电气设备的外壳和已接地的其他物体时，则仍应接地。

（2）在干燥场所，交流额定电压为 127 V 及以下或直流额定电压为 110 V 及以下的电气设备的外壳。

（3）安装在配电屏、控制屏和配电装置上的电气测量仪表、继电器和其他低压电器等的外壳，以及当发生绝缘损坏时，在支持物上不会引起危险电压的绝缘子的金属底座等。

（4）安装在已接地金属构架上的设备，如穿墙套管等。

（5）额定电压为 220 V 及以下的蓄电池室内的金属支架。

（6）与已接地的机床、机座之间有可靠电气接触的电动机和电器的外壳。

3. 接地电阻及其要求

接地电阻是接地线和接地体的电阻与接地体的流散电阻的总和。由于接地线和接地体的电阻相对很小，因此接地电阻可认为就是接地体的散流电阻。

接地电阻的要求主要根据电力系统中性点的运行方式、电压等级、设备容量，以及允许的接触电压来确定。其要求如下。

1）1 kV 及以上的大接地短路电流系统

在这种情况下，单相接地就是单相短路，线路电压又很高，所以接地电流很大。因此，当发生接地故障时，在接地装置及其附近所产生的接触电压和跨步电压很高，要将其限制在很小的安全电压下，实际上是不可能的。但对于这样的系统，当发生单相短路时，继电保护装置立即动作，出现接地电压的时间极短，产生的危险较小。规程允许接地网对地电压不超过 2 kV，因此接地电阻规定为 $R \leqslant 2000/I_{CK}$ 式中 R 为接地电阻（Ω），I_{CK} 为计算用的接地短路电流（A）。

2）1 kV 及以上的小接地短路电流系统

在这种情况下，规程规定，接地电阻在一年内任何季节均不得超过以下数值。

（1）当高压和低压电气设备共用一套接地装置时，要求对地电压不得超过 120 V，因此有 $R \leqslant 120/I_{CK}$。

（2）当接地装置仅用于高压电气设备时，要求对地电压不得超过 250 V，因此有 $R \leqslant 250/I_{CK}$。

在以上两种情况下，接地电流即使很小，接地电阻也不允许超过 10 Ω。

3）1 kV 以下的中性点直接接地的三相四线制系统

对于 1 kV 以下的中性点直接接地的三相四线制系统，发电机和变压器中性点接地装置的接地电阻不应大于 4 Ω。但当变压器容量不超过 100 kVA 时，要求接地电阻不大于 10 Ω。

中性线的每一重复接地装置的接地电阻不应大于 10 Ω。但当变压器容量不超过 100 kVA 且当重复接地点多于三处时，每一重复接地装置的接地电阻可不大于 30 Ω。

4）1 kV 以下的中性点不接地系统

这种系统发生单相接地时，不会产生很大的接地短路电流，规定接地电阻不大于 4 Ω，即发生接地时的对地电压不超过 40 V，保证小于安全电压 50 V 的安全值。对于小容量的电气设备，由于其接地短路电流更小，所以规定接地电阻不大于 10 Ω。

任务二 认识供配电系统的接零保护

一、接零的概念

将电气设备的金属外壳或金属支架等与电源系统零线连接起来称为接零，如图 7-10 所示，变压器低压侧的中性点引出线称为中线，接地的中线称为零线。在三相四线制供电系统中，为了防止电动机外壳带电，除了可以将外壳直接与大地连接外，也可以将设备金属外壳与零线连接。当电动机某绕组与外壳短路或漏电时，外壳与绕组间的绝缘电阻下降，会有电流从变压器某相绕组→相线→漏电或短路的电动机绕组→外壳→零线→中性点，最后到相线的另一端。该电流使电动机串接的熔断器熔断，从而保护电动机内部绕组，防止故障范围扩大。在这种情况下，即使熔断器未能及时熔断，也会因为电动机外壳通过零线接地，所以外壳上的电压很低，即使人体接触外壳也不会产生触电伤害。

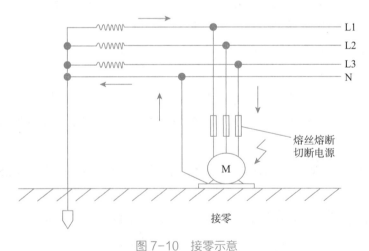

图 7-10　接零示意

二、接零保护工作原理

为防止因电气设备绝缘损坏而使人身受到触电伤害，将电气设备的金属外壳与变压器的中性线（零线）相连接，就是接零保护。

在接零保护的系统中，当某一相绝缘损坏使相线碰壳时，会形成单相短路，单相短路电流通过该相和中性线形成回路。由于中性线阻抗很小，所以单相短路电流很大，它足以使线路上的保护装置（如熔断器和低压断路器）迅速动作，切除故障，恢复系统其他部分的正常运行。

接零保护通常用在低压三相四线制中性点直接接地的系统中，如设备的外露可导电部分经公共 PE 线（如在 TN-S 系统）或 PEN 线（如在 TN-C 系统）接地。必须注意的是，在同一低压配电系统中，不能有的设备采取接地保护而有的设备采取接零保护，否则，当采取接地保护的设备发生单相接地故障时，采取接零保护的设备的外露可导电部分（外壳）将带上危险的电压。

任务三　认识供配电系统的漏电保护

一、漏电保护器的结构

漏电保护器是防止人体触电，用来保护人身及设备安全的一种保护电器。漏电保护器由检测元件、脱扣机构、放大元件及主开关等元件组成。漏电保护器由主电路、断路器、零序电流互感器、控制电路、脱扣装置（脱扣器）等组成，如图 7-11 所示。当发生漏电时，零序电流互感器次级线圈能感应出电压。通过控制电路放大处理后，驱动脱扣器动作，2 个断路器在开关动作机构的作用下断开，同时切断主电路。

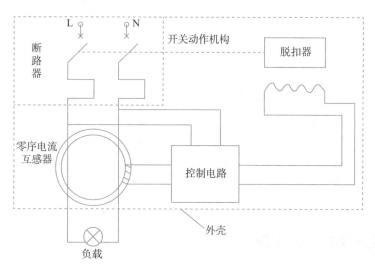

图 7-11　漏电保护器的功能框图

1. 检测元件

漏电保护器的检测元件是零序电流互感器，主要由冷轧硅钢片和坡莫合金制成，一般制成圆形或方形。一次绕组通以各相电流，铁芯上绕若干匝线圈作为二次绕组，由二次绕组输出检测信号。

2. 脱扣装置

脱扣装置是漏电保护器的判断元件，根据零序电流互感器的输出信号或放大以后的信号，经过分析处理后作出是否动作的判断。当需要动作时，就推动主开关的操作机构，使主开关动作，切断电源。按其结构原理可以分为吸合式和释放式两种。

1）吸合式

吸合式脱扣器在正常工作状态下，衔铁处于打开位置，当线圈中有励磁电流通过并且达到整定值时，衔铁被迅速吸合，同时带动和衔铁相连的打击臂，利用打击臂在衔铁吸合时的机械冲击力，使开关销扣脱扣。该脱扣器的灵敏度较低，一般适用于电子式漏电保护器。

2）释放式

释放式脱扣器在正常工作状态下，衔铁在直流磁通的吸力作用下克服弹簧的反作用力，保持在与衔铁接触的吸合面。当漏电保护器所保护的电路中有触电、漏电电流时，零序电流互感器的二次绕组就有感应电压输出，使脱扣器线圈中有电流流过，其产生的交流磁通方向与直流磁通方向相反，从而抵消了部分衔铁吸合面的吸力，当漏电电流足够大时，衔铁就在弹簧的反作用力下被释放，从而迅速打击开关的销扣，使主开关跳闸。该脱扣器的灵敏度较高，适用于电磁式漏电保护器。

3. 放大元件

零序电流互感器二次绕组的输出信号很小，一般都在 1 mA 以下，当漏电保护器电流容量较大时，由零序电流互感器的二次输出信号直接通过脱扣器来驱动脱扣的方式，往往不能满足要求。因此，有些漏电保护器就增加了一个放大元件，则这种漏电保护器称为电子式漏电保护器。电子式漏电保护器的工作过程是利用放大信号去推动中间继电器，再由中间继电器接通控制电源，使吸合式脱扣器动作，切断电源。

零序电流互感器二次绕组与脱扣器之间没有放大元件的漏电保护器称电磁式漏电保护器。电磁式漏电保护器的工作过程是零序电流互感器二次绕阻和断路器中的脱扣线圈相连，当穿过零序电流互感器环形铁芯的线路上有触电、漏电电流流过并达到整定值时，主开关动作跳闸。电磁式漏电保护器在气候干燥、土壤电阻率较大的地区会降低动作灵敏度。

二、漏电保护器的工作原理

1. 单相漏电保护器的工作原理

电流动作型单相漏电保护器接线如图 7-12 所示。当电气设备绝缘完好、正常工作时，流入用电设备的电流和从用电设备流出的电流相等，这样在检测元件电流互感器环形铁芯中所感应的磁通量等于零，此时电流互感器的二次线圈没有感应电压输出，漏电保护器不动作。

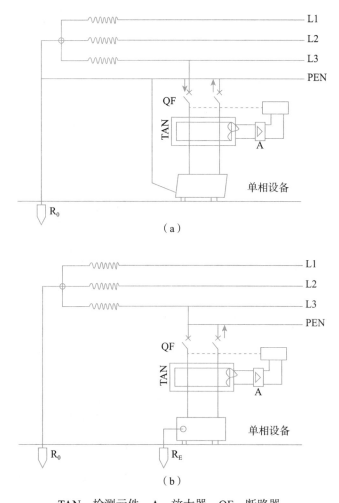

TAN—检测元件；A—放大器；QF—断路器。

图 7-12　电流动作型单相漏电保护器接线
（a）TN 系统；（b）TT 系统

　　当用电设备绝缘损坏发生漏电时，漏电电流将通过 PEN 线或通过人体流回电源中性点，这样电源的两根导线的电流将不同，来的电流大，回去的电流小，这个电流差会在检测元件电流互感器的环形铁芯中产生感应磁通，在二次线圈上产生感应电压，这个电压将加在漏电保护器的脱扣线圈上。当漏电电流达到额定动作电流值时，脱扣线圈推动脱扣器使漏电保护开关动作，迅速断开电源，从而达到保护目的。为了使漏电电流有足够的脱扣驱动力，可以在电流互感器二次线圈输入端加一级电子放大器。

　　2. 三相三极漏电保护器工作原理

　　正常工作时，无论三相负载是否平衡，各相电流的相量和等于零，各相工作电流在检测元件电流互感器环形铁芯中所感应的磁通相量和也等于零。此时电流互感器的二次线圈没有感应电压输出，漏电保护器不动作，如图 7-13 和 7-14 所示。

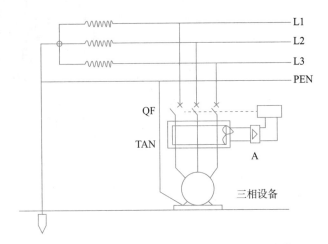

图 7-13　三相三极漏电保护器在 TN 系统中安装

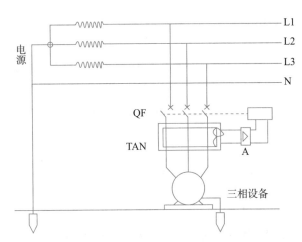

图 7-14　三相三极漏电保护器在 TT 系统安装

当被保护支路电气设备损坏或有其他接地发生漏电故障时，将有一部分电流经 PEN 线或通过人体流回电源中性点，这样三相电流的相量和不等于零，电流互感器环形铁芯中所感应的磁通相量和也不等于零。此时在检测元件电流互感器的二次线圈上的感应电动势经放大器放大后，加在了漏电保护器的脱扣线圈上。当漏电电流达到额定动作电流值时，脱扣线圈推动脱扣器动作，使主开关迅速切断电源。

3. 三相四极漏电保护器工作原理

三相四极漏电保护器接线如图 7-15 所示，三相四极漏电保护器用于保护干线和整个供电系统，漏电保护器用于 TN 系统中，从安装漏电保护装置的地点起，TN-C 系统改为 TN-S 系统，即保护零线 PE 必须与工作零线 N 严格分开，使供电系统成为 TN-C-S 系统。

安装时应注意将相线和工作零线 N 穿过漏电保护装置的电流互感器，但不可将保护零线 PE 穿过电流互感器。在电气设备绝缘完好、正常工作时，无论三相负载是否平衡，穿过电流互感器的电流相量和为零。此时工作电流在电流互感器环形铁芯中所感应的磁通相量和也等于零。电流互感器的二次线圈上没有感应电压输出，漏电保护器不动作。

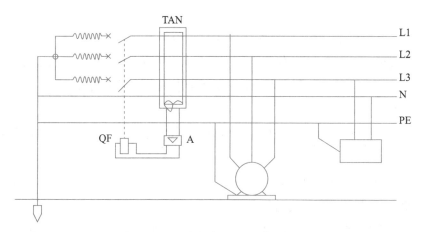

图 7-15　三相四极漏电保护器接线

当被保护的电气设备，无论是三相设备还是单相设备的绝缘损坏发生漏电时，有一部分电流经 PEN 线或通过人体流回电源中性点，使穿过电流互感器中的电流相量和不等于零，电流互感器环形铁芯中所感应的磁通相量和也不等于零。此时在电流互感器的二次线圈上将产生感应电压，经放大后加在漏电保护器的脱扣线圈上。当漏电电流达到额定动作电流值时，脱扣线圈推动脱扣器动作，使主开关迅速切断电源。

三、漏电保护器的安装

根据《剩余电流动作保护装置安装和运行》（GB/T 13955—2017）规定，必须安装剩余电流动作保护装置（漏电保护器）的设备和场所，以及报警式漏电保护器的安装如下。

1）安装漏电保护器的设备和场所

（1）属于 I 类的移动式电气设备及手持式电动工具。

（2）工业生产用的电气设备。

（3）施工工地用的电气机械设备。

（4）安装在户外的电气装置。

（5）临时用电的电气设备。

（6）机关、学校、宾馆、饭店、企事业单位和住宅等除壁挂空调电源插座外的其他电源插座或插座回路。

（7）游泳池、喷水池、浴室的电气设备。

（8）安装在水中的供电线路和设备。

（9）医院中可能直接接触人体的医用电气设备。

（10）农业生产用的电气设备。

（11）水产品加工用电的电气设备。

（12）其他需要安装剩余电流动作保护装置的场所。

（13）低压配电线路根据具体情况采用二级或三级保护时，在电源端、负荷群首端或线路末端（农业生产设备的电源配电箱）安装剩余电流动作保护装置。

2）报警式漏电保护器的安装

对一旦发生漏电切断电源时，会造成事故或重大经济损失的电气装置或场所，应安装报警式漏电保护器。

（1）公共场所的通道照明、应急照明。

（2）消防用电梯及确保公共场所安全的设备。

（3）用于消防设备的电源，如火灾报警装置、消防水泵、消防通道照明等。

（4）用于防盗报警的电源。

（5）其他不允许停电的特殊设备和场所。

四、漏电保护器在供配电系统中的正确使用

漏电保护器在不同系统内的安装示意如表 7-2 所示。

表 7-2　漏电保护器在不同系统内的安装示意

接地类型		单相（二极）	三相	
			三线（三极）	四线（三极或四极）
TT				
TN	TN-S			

续表

接地类型		单相（二极）	三相	
			三线（三极）	四线（三极或四极）
TN	TN-C-S	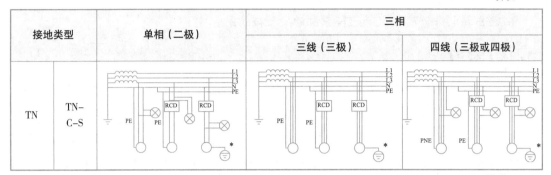		

注：1. L1、L2、L3 为相线；N 为中性线；PE 为保护线；PEN 为中性线和保护线合一；⌒⌒为单相或三相电气设备；⊗为单相照明设备；RCD 为剩余电流动作保护装置；⊜为不与系统中性接地点相连的单独接地装置，作保护接地用。

2. 单相负载或三相负载在不同的接地保护系统中的接线方式中，左侧设备不装有 RCD，中间和右侧设备装有 RCD。

3. 在 TN-C-S 系统中使用 RCD 的电气设备，其外露可接近导体的保护线应接在单独接地装置上，从而形成局部 TT 系统，如 TN-C-S 系统右侧带 * 的接线方式。

4. TN-S、TN-C-S 接地类型，以及单相和三相负载的接线图中的中间和右侧接线可根据现场情况，任选其一接地方式。

拓展阅读

了解我国超级工程之一——西电东送

在我国，由于大多数的煤炭、风能和水力发电设施都集中在内陆省份，东部发达地区的许多城市和工业正在面临着能源短缺问题。为了解决这一现状，我国斥资超 5200 亿，实施了横跨 2000 多公里的超级工程项目——西电东送。

"西电东送"分成北线、中线和南线三条通道：北部通道是把黄河上游和中游小浪底的水电输送到华北京津唐地区；中部通道是把长江最大的水电站——三峡的电能输送到沪宁杭地区；南部通道是把云贵地区的水电以及火电输送到珠江三角洲地区。

加快规划建设新型能源体系，是党的二十大报告明确的任务。实施西电东送工程，不仅缓解了东部地区经济发展的电力需求，还扩大了清洁能源在中国能源结构中的比例，有利于保障国家能源安全。

思考与练习

1. 什么是接地保护？接地保护有什么作用？

2. 低压系统的接地类型有哪些？各有什么特点？

3. 什么叫接零系统？它与接地系统有什么不同？

4.漏电保护器的安装环境有哪些?

5.画出漏电保护器在 IT 和 TN 系统的安装接线图。

项目总结

将电气设备金属外壳与大地进行电气连接,称为接地。按其功能分为工作接地、保护接地、重复接地、防雷接地和防静电接地等。工作接地是为保证电力系统和设备达到正常工作要求而进行的一种接地;保护接地是为保障人身安全、防止间接触电而将设备的外露可导电部分接地;重复接地是除在电源中性点进行工作接地外,还应在 PE 线或 PEN 线的多个地点进行重复接地;防雷接地的作用是将接闪器引入的雷电流泄入地下,将线路上传入的雷电流通过避雷器或放电间隙地下;防静电接地是将设备在运行过程中由于摩擦而产生的静电积聚通过接地线泄入地下。

接零保护是将电气设备的金属外壳直接与电源系统的零线相接。一般只用于供配电房等安全管制区域。

漏电保护是有效防止设备漏电和人体触电的重要保护措施。漏电保护器有单相漏电保护器与三相漏电保护器之分。漏电保护器的安装要按照规范要求在不同的电源接地类型中正确安装。

任务工单	学校供配电系统中的接地方式与漏电保护器的安装认知

任务名称		日期	
姓名		班级	
学号		实训场地	

一、安全与知识准备

1.漏电保护器的作用是什么?

2.单相漏电保护器的漏电保护原理是什么?

3.三相漏电保护器的漏电保护原理是什么?

4.在进行学校二级漏电保护检查之前,请先完成操作票的内容填写,并报请教师批准。操作票的内容包括:

二、计划与决策

请根据任务要求,确定所需要的检测仪器、工具,制定详细的作业计划。

1.检测仪器与工具校验步骤:

2.作业中的安全措施:

三、任务实施

1.漏电保护器的使用范围。
（1）供配电房内的一级配电接地与漏电保护器的使用。

（2）车间设备及教室电气设备的接地与漏电保护器的使用。

（3）工地等临时用电环境下的接地与漏电保护器的使用。

2.在实施的过程中，是否存在一些安全隐患？请找出容易忽视的地方。
（1）安全着装：

（2）电气仪表的检测：

四、检查与评估

根据完成本学习任务时的表现情况，进行同学间的互评。

考核项目	评分标准	分值	得分
团队合作	是否和谐	5	
活动参与	是否主动	5	
安全生产	有无安全隐患	10	
现场 6S	是否做到	10	
任务方案	是否合理	15	
操作过程	1. 2. 3.	30	
任务完成情况	是否圆满完成	5	
操作过程	是否标准规范	10	
劳动纪律	是否严格遵守	5	
工单填写	是否完整、规范	5	
评分			

项目八

供配电系统的防雷措施

目标导航

知识目标

① 了解过电压和雷电过电压的基本概念。

② 掌握工厂供配电系统常用的防雷保护措施。

③ 掌握电气设备接地装置的安装方法。

技能目标

① 能对工厂供配电系统防雷设备进行巡查与维护。

② 能正确测量电气设备的接地电阻。

③ 能分析判断工厂供配电系统的保护接地类型。

素质目标

① 通过学习雷电的形成理论，培养学生科学研究精神。

② 通过学习接闪器和避雷器的避雷原理，探讨主动学习和被动学习的成效问题。

③ 通过学习电气设备接地装置的安装方法，培养学生工程应用能力。

项目概述

本项目主要介绍了工厂供配电系统的过电压、雷电过电压的概念，重点介绍了工厂供配电系统的防雷设备结构、工作原理以及防雷保护措施等基本知识与技能。

了解过电压与防雷的概念

一、电力系统过电压的种类

过电压是指在电气设备或线路上出现的超过正常工作要求并对其绝缘构成威胁的电压。按产生的原因可分为内部过电压和雷电（外部）过电压两大类。

1. 内部过电压

内部过电压是由于系统的操作故障和某些不正常运行状态，使系统电磁能量发生转换而产生的过电压。内部过电压的能量来自电力系统本身，经验证明，内部过电压一般不超过系统正常运行时额定相电压的 3～4 倍。在以中低压为主要电压等级的供配电系统中，内部过电压对系统自身的运行安全危害相对较轻，但在高压和超高压的供配电系统中就比较严重。内部过电压又分为操作过电压与谐振过电压等形式。

2. 雷电过电压

雷电过电压又称外部过电压，是由于电力系统中的设备或建筑物遭受来自大气中的雷击或雷电感应而引起的过电压。雷电冲击波的电压幅值可高达 1 亿伏，其电流幅值可高达几十万安，因此对供配电系统危害极大，必须加以防护。雷电过电压又分为直击雷过电压、感应雷过电压、侵入雷过电压。

1）直击雷过电压

直击雷过电压是当雷电直接击中电气线路、设备或建筑物时，强大的雷电流通过电气线路等介质泄入大地，在物体上产生较高的电压降。

防止直击雷过电压的主要措施是装设避雷针、避雷带、避雷线、避雷网作为接闪器，把雷电流接收下来，通过接地引下线和接地装置，使雷电流迅速而安全地到达大地，保护建筑物、人身和电气设备的安全。

2）感应雷过电压

（1）静电感应。当线路或设备附近发生雷云放电时，虽然雷电流没有直接击中线路或设备，但在导线上会感应出大量的和雷云电荷极性相反的束缚电荷，当雷云对大地上其他目标放电后，雷云中所带的电荷迅速消失，导线上感应出的束缚电荷就会失去雷云电荷的束缚而成为自由电荷，并以光速向导线两端急速涌去，从而出现过电压，这就是静电感应过电压。

（2）电磁感应。由于雷电流有极大的峰值和陡度，在它周围有强大的变化电磁场，处于此电磁场中的导体会感应出极大的电动势，雷电感应引起的电磁能量若不及时泄入地下，可能产生放电火花，引起火灾、爆炸或造成触电事故。

防止感应雷过电压的措施是将建筑物的金属屋顶、建筑物内的大型金属物品等进行良好的接地处理，使感应电荷能迅速流向大地，防止在缺口处形成高电压和放电火花。

3）侵入雷过电压

侵入雷过电压指由于线路金属管道等遭受直击雷或感应雷而产生的雷电波，沿线路、金属管道等侵入变配电所或建筑物而造成危害。据统计，供配电系统中侵入雷过电压造成的事故占所有雷害事故的 50% ~ 70%。防止侵入雷过电压的基本防护措施是将线缆进入建筑物的外皮接地及适时设置浪涌保护器。

二、雷电的形成及危害

1. 雷电的形成

在雷雨季节，地面及低空水被高温蒸发上升进入高空，在高空低温环境下凝结成冰晶。一部分冰晶破碎分裂并被上升的高速气流分散后，携带正电而形成正雷云，另一部分较大的冰晶下降，携带负电形成负雷云。

雷电放电是带有正负电荷的雷云之间或者雷云对大地、物体之间的一种急剧放电过程。

2. 直击雷过电压的形成

当高空中带负电的雷云下移靠近大地，由于静电感应，地面出现与雷云的电荷极性相反的电荷，如图 8-1 所示。

当雷云与大地之间的电场强度达到 25 ~ 30 kV/cm 时，雷云开始对大地急剧放电，形成一个导电的空气通道，称为雷电先导。大地的异性电荷集中在某一方位尖端上方，在雷电先导下行到离地面 100 ~ 300 m 时，也形成一个上行的迎雷先导。当雷电、迎雷先导相互接近时，正、负电荷强烈

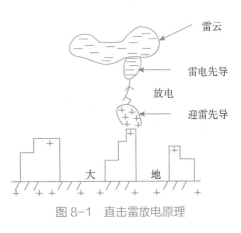

图 8-1　直击雷放电原理

吸引、中和而产生强大的雷电流，并伴有电闪雷鸣，这就是直击雷的主放电阶段，时间极短，一般只有 50 ~ 100 μs。主放电阶段之后，雷云中的剩余电荷继续沿着主放电通道向大地放电，形成断续的隆隆雷声，这就是直击雷的余辉放电阶段，时间为 0.03 ~ 0.15 s，电流较小（几百安）。

雷电先导在主放电阶段前与地面上雷击对象之间的最小空间距离称为闪击距离，简称击距。雷电的闪击距离与雷电流的幅值和陡度有关。

3. 感应雷过电压的形成

户外高、低压架空线路在雷雨天气极易产生感应雷过电压。当雷云出现在架空线路上方时，由于静电感应会在线路上感应出大量异性的束缚电荷，如图 8-2（a）所示。当雷云

放电后，线路上的束缚电荷被快速向线路两端释放形成很高的感应过电压，如图 8-2（b）所示。此时线路上的感应雷过电压可高达几十万伏，低压线路上的感应雷过电压也可达几万伏，对供配电系统会造成极大的危害。

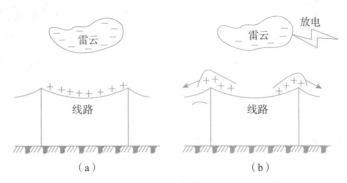

图 8-2　架空线路上的感应雷过电压示意

（a）雷云在架空线路上方；（b）雷云对地或对其他雷云放电后

4. 雷电的危害

（1）直接雷击（直击雷）。直击雷具有热效应、电效应和机械效应三大效应，且雷电能量巨大，可瞬间造成被击物折损、坍塌等物理损坏和电击损害。

（2）感应雷。可能造成的主要危害：电压降造成相邻导体产生电火花，并形成电涌引起电源及信号线路发生击穿现象，使线路短路，并导致用电设备损坏。尤其对低压电气系统和电子信息系统危害更大。

（3）传导雷。雷电击中地面物体，雷电流泄放过程中经进出建筑物的金属管道、电源和信号线路向外传导（约为全部雷电流的 50%），从而对其他建筑物内的线路及设施造成危害。

任务二　认识工厂供配电系统的防雷装置

避雷针、避雷线、避雷网、避雷带、避雷器都是常用的防雷装置。一套完整的防雷装置由接闪器、引下线和接地装置构成。

一、接闪器

避雷针、避雷线、避雷网和避雷带都可以作为接闪器，建筑物的金属屋面可作为第一类工业建筑物以外的其他各类建筑物的接闪器。接闪器的工作原理都是利用其高出被保护物的突出地位，把雷电引向自身，然后通过引下线和接地装置，把雷电流泄入大地，以保护被保护物免受雷击。接闪器通常由避雷针、避雷线、避雷网和避雷带组成。接闪器的金属杆，称为避雷针；接闪器的金属线，称为避雷线，也称架空地线；接闪器的金属带，称为避雷带；接闪器的金属网，称为避雷网。

1. 避雷针

避雷针把雷电通过引下线和接地体导入大地，从而保护附近的建筑物和设备免受雷击。图 8-3 所示为某风塔装设的避雷针。

GB 50057—2010《建筑物防雷设计规范》规定如下。

（1）避雷针上的金属针专门用来接受雷云放电，一般采用直径为 10 ～ 20 mm、长度为 1 ～ 2 m 的圆钢或直径不小于 25 mm 的镀锌钢管。

（2）引下线是接闪器与接地体之间的连接线，一般采用直径为 8 mm 的圆钢或截面积不小于 25 mm² 的镀锌钢绞线。引下线与金属针及接地体之间，以及引下线本身接头，都要可靠连接。连接处不能用绞合的方法，必须用烧焊或线夹、螺钉连接。

图 8-3 某风塔装设的避雷针

（3）接地体的作用是将雷电流直接泄入大地。接地体埋设深度不小于 0.6 m，垂直接地体的长度不小于 2.5 m，垂直接地体之间的距离一般不小于 5 m，接地体一般采用直径为 19 mm 的镀锌圆钢。

2. 避雷线

避雷线的功能和工作原理与避雷针基本相同。避雷线一般采用截面积不小于 35 mm² 的镀锌钢绞线架设在架空线路的上方，另一端接地以避免架空线路遭直接雷击。如图 8-4 所示为架空线路中的避雷线。

3. 避雷带和避雷网

避雷带和避雷网可以有效防护高层建筑物免遭直接雷击和雷电感应。避雷带通常就是用架设在平顶房屋顶四周的金属带（内部已接地），把雷电流泄入大地。如图 8-5 所示的是屋顶设备的避雷带，一般采用直径应不小于 8 mm 的圆钢或截面积不小于 48 mm² 且厚度不小于 4 mm 的扁钢。

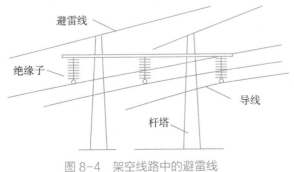

图 8-4 架空线路中的避雷线

图 8-5 屋顶设置的避雷带

167

二、避雷器

避雷器主要是防止雷电过电压波沿线路侵入变配电所或其他电气设备内，保护设备的绝缘，防止高压雷电电磁波对微电子信息系统的电磁干扰。避雷器安装如图8-6所示，一般应与被保护设备并联。

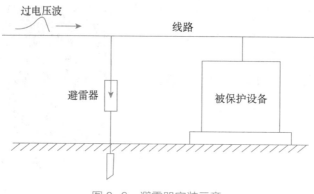

图 8-6　避雷器安装示意

避雷器的工作原理：将避雷器装设在被保护物的引入端，其上端接在线路上，下端接地，正常时避雷器火花间隙保持绝缘状态，不影响系统运行；当线路上出现危及设备绝缘的雷电过电压时，避雷器的火花间隙就会被击穿，使雷电过电压通过接地引下线对大地放电，从而保护设备的绝缘并消除雷电电磁干扰。当雷电过电压消失后，避雷器能自动恢复绝缘状态，以使系统正常工作。

避雷器的种类有阀式避雷器、排气式避雷器、角形避雷器、金属氧化物避雷器等。

1. 阀式避雷器

阀式避雷器是一种能释放雷电或兼能释放电力系统操作过电压能量，保护电气设备免受瞬时过电压危害，又能截断续流，不致引起系统接地短路的电器装置，通常接于带电导线和地之间，与被保护设备并联。阀式避雷器的内部结构与特性曲线如图8-7所示。当过电压值达到规定的动作电压时，避雷器立即动作，流过电荷，限制过电压幅值，保护设备的绝缘；当电压值正常后，避雷器又迅速恢复原状，以保证系统正常供电。

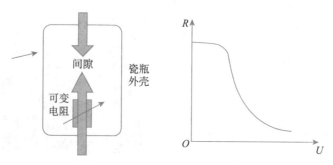

图 8-7　阀式避雷器的内部结构与特性曲线

阀式避雷器中火花间隙和阀电阻片的大小与其工作电压高低呈正比。如图 8-8 所示为高、低压普通阀式避雷器的外形，高压阀式避雷器串联很多单元火花间隙，目的是将长弧分割成多段短弧，以加速电弧的熄灭。但阀电阻片的限流作用是加速电弧熄灭的主要因素。

图 8-8　高、低压普通阀式避雷器的外形

2. 排气式避雷器

排气式避雷器具有较高熄弧能力的保护间隙，主要由产气管、内部间隙和外部间隙三个部分组成，如图 8-9 所示。产气管由纤维、有机玻璃或塑料制成，内部间隙装在产气管内，一个电极为棒形，另一个电极为环形。

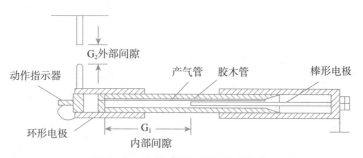

图 8-9　排气式避雷器的内部结构

排气式避雷器工作原理：当电力线路遭受雷击时，在雷电过电压的作用下，避雷器的外部间隙和内部间隙相继被击穿，雷电电流通过接地装置泄入大地。此时电力系统工频短路电流数值相当大，在产气管内发生强烈电弧，使管内壁材料燃烧，分解出大量的气体。由于产气管容积小，形成数十兆帕压力，使气体从环形电极孔中急速喷出，高速纵向吹动电弧，使工频续流在第一次过零时就熄灭了。此时，外部间隙的空气恢复其绝缘性能使排气式避雷器与线路断开，避雷器又恢复正常。

排气式避雷器主要用在架空线路上，同时宜装设自动重合闸装置（ARD），以便迅速恢复供电。

3. 角形避雷器

角形避雷器是由两个金属电极构成的一种防雷保护装置，它的一个电极固定在绝缘子上，与带电导线相接，另一个电极通过辅助间隙与接地装置相接，两个电极之间保持规定的间隙距离。如图 8-10 所示为角形避雷器的外形结构。

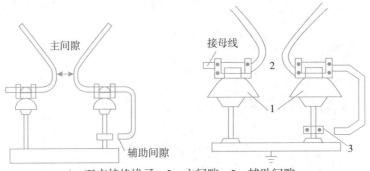

1—双支持绝缘子；2—主间隙；3—辅助间隙。

图 8-10　角形避雷器的外形结构

4. 金属氧化物避雷器

金属氧化物避雷器分为无火花间隙型金属氧化物避雷器和有火花间隙型金属氧化物避雷器。

无火花间隙型金属氧化物避雷器只有压敏电阻片，在正常工频电压下，压敏电阻片呈现极大的电阻，能迅速有效地阻断工频续流，不需要用火花间隙来熄灭由工频续流引起的电弧。在雷电过电压作用下，其电阻就变得很小，能很好地泄放雷电流。

有火花间隙型金属氧化物避雷器采用性能优异的金属氧化物电阻片，是普通阀式避雷器的更新换代产品。

我国供配电输电线路主要采用氧化锌避雷器，它是由一个或并联的两个非线性压敏电阻片叠合成圆柱构成。在正常工频电压下，压敏电阻片的电阻非常大，只有微安级泄漏电流流过；在过电压时，压敏电阻片的电阻非常小，大电流泄得非常快，具有残压低、动作快、安全可靠的特点。

氧化锌避雷器（见图 8-11）根据电压等级可由多节组成，35 ～ 110 kV 氧化锌避雷器是单节的，220 kV 氧化锌避雷器是两节的，500 kV 氧化锌避雷器是三节的，而 750 kV 氧化锌避雷器则是四节的。

图 8-11　氧化锌避雷器的外形与应用

掌握供配电系统的防雷保护

供配电系统的防雷保护包括架空线路防雷保护、变配电所防雷保护及设备防雷保护。

一、架空线路的防雷保护

架空线路的防雷保护措施，应根据线路电压等级、负荷性质、系统运行方式，以及当地雷电活动情况、土壤电阻率等情况，采取高性价比的防雷保护措施。

1.装设避雷线

装设避雷线是架空线路防雷保护最有效的措施。户外高压输电线路上装设避雷线可防止雷电直击导线，同时在雷击塔顶时起分流作用，减小塔顶电位；对导线有耦合作用，降低绝缘子串上的电压；对导线有屏蔽作用，降低导线感应过电压。规定 66 kV 及以上的架空线路上全线装设避雷线；35 kV 及以下的架空线路上宜在进出变配电所 500 m 线路上装设避雷线；10 kV 及以下的架空线路上一般不装设避雷线。高压铁塔输电线路上和高铁线路上装设的避雷线如图 8-12 和图 8-13 所示。

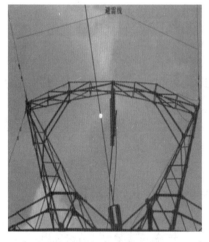

图 8-12　高压铁塔输电线路上装设的避雷线　　　图 8-13　高铁线路上装设的避雷线

2.提高线路本身的绝缘水平

10 kV 及以下的架空线路，可采用木横担、瓷横担或将绝缘子提高一个绝缘等级，以提高线路本身的防雷水平。

3.利用三角形排列的顶线绝缘子兼作防雷保护线

对于中性点不接地系统的 3 ～ 10 kV 架空线路，可以利用三角形排列的顶线绝缘子附加保护间隙兼做防雷保护线，如图 8-14 所示。当雷击中高压线路时，顶线绝缘子上的保护间隙被击穿，通过其接地引下线对地泄放雷电流，从而保护了下边两根导线。由于是中性点不接地系统，一般也不会引起线路断路器跳闸。

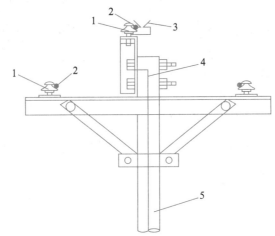

1—绝缘子；2—架空导线；3—保护间隙；4—接地引下线；5—电杆。

图 8-14　顶线绝缘子附加保护间隙

4. 装设自动重合闸装置

线路上因雷击放电造成线路电弧短路时，会引起线路断路器跳闸，电弧会自行熄灭，但线路不会自动恢复供电。如果线路上装设自动重合闸装置，线路断路器经 0.5 s 后自动重合闸，电弧通常不会复燃，从而能恢复供电。

5. 绝缘薄弱线路加装避雷器

对于架空线路中的绝缘薄弱处，如跨越杆、转角杆、分支杆、带拉线杆及线路中的个别金属杆等处，可装设排气式避雷器或角形避雷器来实现防雷保护。

二、变配电所的防雷保护

变配电所一旦遭受雷击，会造成变配电设备的严重损坏和大面积的停电事故，为此加强变配电所防雷保护至关重要。图 8-15 所示，变配电所的防雷保护一般由三道防线组成：第一道防线的作用是防止雷电直击变配电所电气设备；第二道防线为进线保护段；第三道防线是通过避雷器将侵入变配电所的雷电波降低到电气装置绝缘强度允许值以内。三道防线构成一个完整的变配电所防雷保护系统。运行经验证明，装设避雷针和避雷线对直击雷的防护是有效的，但对沿线路侵入的雷电波所造成的事故则需要装设避雷器加以防护。

1. 装设避雷针

避雷针可以用来保护整个变配电所建筑物和构筑物，使之免遭直接雷击。避雷针可单独立杆，也可利用户外配电装置的构架或投光灯的杆塔，但变压器的门型构架不能用来装设避雷针，以免产生的过电压对变压器放电。避雷针与配电装置的空间距离不得小于5 m。

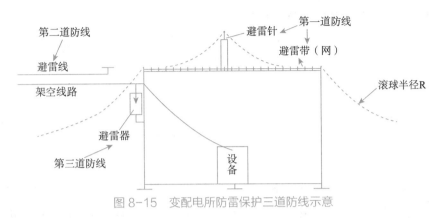

图 8-15 变配电所防雷保护三道防线示意

2. 在进线段内装设避雷线

变配电所的主要危险是进线段之内的架空线路遭受雷击，所以进线段又称危险段。一般要求在距变配电所 1 ～ 2 km 的进线段内装设避雷线，并且避雷线要具有很好的屏蔽效果和较高的耐雷水平。在进线段以外落雷时，由于进线段导线本身波阻抗的作用，限制了流入变配电所的雷电流和雷电侵入波的陡度。

3. 高压侧装设阀式避雷器或角形避雷器

高压侧装设避雷器可以用来保护主变压器，以免高电压沿高压电路侵入变压器，要求避雷器或角形避雷器应尽量靠近变压器安装，其接地线应与变压器低压中性点及金属外壳连在一起接地，变压器入线避雷器的安装示意和高压配电装置防护雷电波侵入示意如图8-16、8-17 所示。

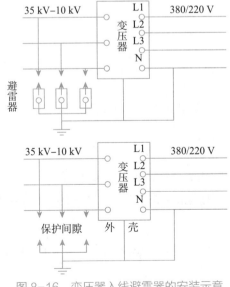

图 8-16 变压器入线避雷器的安装示意

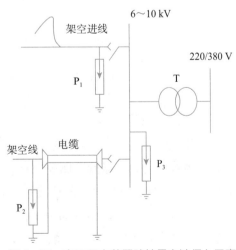

图 8-17 高压配电装置防护雷电波侵入示意

　　在每路进线终端和母线上都装有阀式避雷器。如果进线是具有一段电缆的架空电路，则阀式或排气式避雷器应装设在架空电路终端的电缆终端头处。3～10 kV 变配电所中母线上的避雷器与变压器的最大电气距离如表 8-1 所示。

表 8-1　3～10 kV 变配电所中母线上的避雷器与变压器的最大电气距离

经常运行的进出线数 / 根	1	2	3	4 及以上
最大电气距离 /m	15	23	27	30

4. 装设阀式避雷器

　　对于有电缆进线线段的架空线路，阀式避雷器应装设在架空线路与连接电缆的终端头附近，阀式避雷器的接地端应和电缆金属外皮相连接。若各架空线路均有电缆进出线段，则避雷器与变压器的电气距离不受限制，避雷器应以最短的接线与变配电所的主接地网连接，包括通过电缆金属外皮与主接地网连接，如图 8-18 所示。

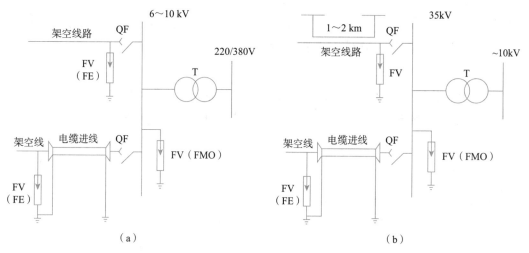

FV—阀式避雷器；FE—排气式避雷器；FMO—金属氧化物避雷器。

图 8-18　变配电所阀式避雷器装设线路示意

(a) 3～10 kV 架空线路和电缆进线；(b) 35 kV 架空线路和电缆进线

　　当与架空线路连接的 3～10 kV 配电变压器及 Yyn0 或 Dyn0 联结的配电变压器设在一类防雷建筑内为电缆进线时，均应在高压侧装设阀式避雷器。保护装置宜靠近变压器装设，其接地线应与变压器低压侧中性点（在中性点不接地的电网中，与中性点的击穿熔断器的接地端）及外露可导电部分连接在一起接地。

　　在多雷区及向一类防雷建筑供电的 Yyn0 或 Dyn0 联结的配电变压器，除在高压侧按有关规定装设避雷器外，在低压侧也应装设一组避雷器。

三、设备防雷保护

设备防雷保护分为建筑物防雷保护和电气设备防雷保护，因其内容较多，现简述如下，具体措施参见 GB 50057—2010《建筑物防雷设计规范》。

建筑物防雷设计规范

（1）在施工现场的建筑物上装设避雷网（带）或避雷针，或由其混合组成接闪器，特别是现在的施工用房多为金属活动板房，避雷装置的设置更为重要。

（2）电源引入的总配电箱处宜装设过电压保护器。

（3）建筑物内的设备、管道等主要物件，应就近接至防止雷击接地装置或电气设备的保护接地装置上，可不另设接地装置。

（4）现场受保护的树木也应添设避雷针，避免直接引雷，损害树木，甚至击倒树木，给周围的人员、建筑物造成危害。

（5）现场施工机械严格按照相关要求设置接地，并不少于 1 处。

（6）建筑物内防雷电感应的接地干线与接地装置的连接不应少于 2 处。

（7）避雷针宜采用圆钢和焊接钢管制成，其直径不应小于下列数值：针长 1 m 以下，圆钢为直径 12 mm，钢管为直径 20 mm；针长 1 ～ 2 m，圆钢直径 16 mm，钢管为直径 25 mm。

（8）遇到雷暴时应立即切断施工用电，停止现场所有一切施工作业（不能开钻、不能吊装等），并组织作业人员躲避到安全地点。

（9）雷阵雨过后，应立即对脚手架、缆风绳、地锚、临时设施等进行检查。

（10）雷暴时，雷云直接对人体放电，雷电流流入地下产生的对地电压以及二次放电都可能对人造成电击，因此，应注意遵守必要的人身安全要求。

（11）雷暴时，应尽量离开地面隆起的地方，应尽量避开铁丝网、钢筋笼、金属铁丝晾衣绳和独立竖立的建筑物，还应尽量离开没有防雷保护的临时小建筑物，不能在树下停留或躲雨。

（12）雷暴时，在户内还应注意雷电侵入波的危险，应离开照明线（包括动力线）、电话线、电视电源线、电视天线以及与其相连的各种导体，以防止这些线路和导体对人体的二次放电。

（13）雷暴时，人体应离开距线路、导体、墙角、墙壁 1m 以内的场合，防止对人体的二次放电伤害。

（14）雷暴时，还应注意关闭门窗防止球形雷进入室内造成危害。

（15）雷暴时，靠拉闸断电对雷击是起到了一定的作用，保护了设备，但是还会对人体造成二次放电伤害。雷暴变化无常，错综复杂且无规律性，平常要加强员工对雷击的知识学习，预防措施的落实，确保财产和人身安全万无一失。

📖 拓展阅读

科技与创新——引雷技术

近年来我国雷电储存能力惊人，代表着巨大的能源潜力，对解决能源危机有着重要的思路。突破与创新是推动一个国家走向强盛的关键，通过引雷技术的研究与应用，我们或许能够开辟出一条可持续发展的新道路。

主动引雷的目的：①科学研究；②能源利用；③防灾减灾；④在医学领域以实现实时传输大量的医学图像数据；⑤在工业生产领域，雷电储存应用的主要优势是高速稳定的数据传输能力和快速充电功能。我国主动引雷的目的是释放雷电能量。

主动引雷是一种利用雷电作为能源的技术，通过外部的装置来引导雷电，使雷电击中特定目标，从而释放其携带的能量。这项技术利用了电力系统和雷电形成的物理规律，旨在有效地管理和调控雷电能量的分布，以减少对人类生活和设施的威胁。我国在雷电科研领域取得的重要突破：实现可控雷击。雷电是自然界中的一种电现象，其能量巨大且具有高温、高压等特点，给人们的生活和财产带来了严重威胁。而实现可控雷击即通过人工干预，使雷电的起始和结束时机、路径、能量传递等因素可控。这一突破不仅意味着人类对雷电现象的更深入了解，还将为防雷技术的发展提供新思路和方法。

实现可控雷击的意义深远，将大大推动雷电防护技术的发展，减少雷电灾害风险，促进科学研究和技术创新。通过主动引雷实验，我们可以更好地了解雷电的物理特性和行为规律，为相关领域的研究提供数据支持，以推动科学技术的进步，确保科研的价值和安全并行，为人类的进步做出更有意义的贡献。

📖 思考与练习

1. 什么是过电压？过电压的分类有哪些？
2. 雷电过电压产生的过程是什么？有哪些危害？
3. 避雷器主要功能有哪些？有哪些分类？
4. 架空线路有哪些防雷措施？变配电所有哪些防雷措施？

📖 项目总结

（1）过电压分为内部过电压和雷电过电压。雷电过电压是雷电击中电力装置或建筑物感应形成的过电压。雷电过电压又分为直击雷过电压、感应雷过电压和侵入雷过电压。内部过电压是由于系统的操作故障和某些不正常运行状态使系统电磁能量发生转换而产生的过电压。过电压对电力系统可以造成极大的危害。

（2）工厂供配电系统的防雷装置包括接闪器和避雷器。接闪器是利用接闪器顶端的金属杆接受雷击，把雷电引向地下。接闪器通常由避雷针、避雷线、避雷带和避雷网组成。避雷器主要是防止雷电过电压波沿线路侵入变配电所或其他电气设备内，保护设备的绝缘，防止高压雷电电磁波对微电子信息系统的电磁干扰。避雷器一般与被保护设备并联。

（3）工厂供配电系统的防雷保护包括架空线路防雷保护、变配电所防雷保护及设备防雷保护。架空线路防雷保护主要是通过装设避雷线、自动重合闸装置；变配电所防雷保护是在建筑物装设避雷针以及在高压侧装设阀式避雷器或角形避雷器等；设备的防雷保护分为建筑物防雷保护和电气设备防雷保护，电气设备防雷保护主要是在电气设备进线端装设浪涌保护器来实现对重要低压电气设备的防雷保护。

任务工单 学校高、低压供配电系统防雷保护认知

任务名称		日期	
姓名		班级	
学号		实训场地	

一、安全与知识准备

在本任务实施前，请准备操作票，并报请任课教师批准。操作票的内容：

二、计划与决策

请根据任务要求，确定所需要的检测仪器与工具，制定详细的作业计划。

1. 检测仪器与工具的校验步骤：

2. 作业中的安全措施：

三、任务实施

1. 学校供配电系统的防雷部件认知。

（1）供配电系统高压电气防雷部件认知：

（2）供配电系统低压电气防雷部件认知：

续表

2.在实施的过程中，是否存在一些安全隐患？请找出容易忽视的地方。

（1）安全着装：

（2）高压安全间距防护：

（3）兆欧表的安全使用：

（4）校内露天放置的高于 3 m 的铁塔的接地措施检查：

四、检查与评估

根据完成本学习任务时的表现情况，进行同学间的互评。

考核项目	评分标准	分值	得分
团队合作	是否和谐	5	
活动参与	是否主动	5	
安全生产	有无安全隐患	10	
现场 6S	是否做到	10	
任务方案	是否合理	15	
操作过程	1. 2. 3.	30	
任务完成情况	是否圆满完成	5	
操作过程	是否标准规范	10	
劳动纪律	是否严格遵守	5	
工单填写	是否完整、规范	5	
评分			

项目九

工厂供配电系统的运行管理与事故处理

知识目标

❶ 掌握工厂供配电系统运行管理的措施。

❷ 了解提高功率因数的重要意义。

❸ 掌握工厂供配电系统提高功率因数的方法。

❹ 掌握工厂供配电系统事故的处理方法。

技能目标

❶ 能填写工厂供配电系统的运行日志。

❷ 能进行并联电容器组的投切操作。

❸ 能进行并联电容器组的巡查与维护。

素质目标

❶ 通过学习供配电系统的技术管理，培养科学、规范和制度化管理能力。

❷ 通过学习工厂变配电所班组管理，培养观察能力、团队合作和制定工作计划的能力。

❸ 通过学习供配电系统有功功率，培养节约意识。

项目概述

本项目主要介绍工厂供配电系统的运行管理措施、工厂供配电系统节约电能的一般方法、工厂供配电系统功率因数补偿方法和工厂供配电系统事故处理措施。学习本项目时，应将重点放在正确投切电容器组的操作和工厂供配电系统一般事故处理方法上，为今后从事工厂供配电系统运行与维护管理等工作打下基础。

任务一　熟悉工厂供配电系统的运行管理措施

工厂供配电系统规范化管理是企业安全生产标准化管理的重要工作保证。工厂供配电系统的运行管理包括安全环境管理、技术管理、运行调度管理、班组管理以及设备管理等。

一、工厂供配电系统的安全环境管理措施

工厂供配电系统的安全环境管理分为变配电室的管理、电力传输线路管理、车间配电室管理以及设备安装与安全环境设置等，应按《供配电系统设计规范》（GB 50052—2009）的要求设置。

二、工厂供配电系统的技术管理

1. 设备操作管理

建立和健全电气安全工作管理制度是保证设备安全、正确操作的必要条件，它包括操作制度管理、停送电管理、电气异常运行管理、事故处理规程等相关技术操作工作票制度。

2. 技术资料管理

工厂供配电系统的技术资料管理主要如下。

1）电气规范学习管理

工厂供配电系统运行管理中的规范包括《电业安全工作规程》（发电厂和变电所电气部分）、《现场运行规程》《电气设备预防性试验规程》《变压器运行规程》等，建立定期组织相关人员学习规范的制度并做好规范的更新工作。

2）技术图纸的保存

电气设备建筑平面分布图（应标明电气设备容量）、供配电线路平面分布图（应标明线路电气参数）、变配电所平面布置图、供配电工程建筑设计以及设备安装工程图纸要按规定的时间做好保管工作。

3）操作示例

操作示例是保证工作票安全实施的模拟演练，主要有一次系统模拟操作图板、继电保护及自动装置整定值的操作演练等重要的操作示例。

4）设备技术台账及资料

设备技术台账包括设备电气运行日志、设备使用说明书、设备缺陷及事故记录、工作票及执行情况记录文件。

5）技术培训

技术培训资料主要有技术培训的管理制度、培训的记录等。

3. 运行日志的记录与管理

电气运行日志的记录与管理是工厂供配电系统值班人员的基本职责，要做到认真及时填写各种记录。工厂供配电系统的运行日志主要有交接班记录簿、设备缺陷记录簿、断路器跳闸记录簿、继电保护装置调试记录簿、设备检修试验记录簿、反事故演练记录簿、运行分析记录簿、安全活动记录簿、培训记录簿等。

三、工厂供配电系统的运行调度管理

正确地实施工厂供配电系统运行调度管理是保证供配电系统正常安全运行的基本条件，调度员应熟悉调度规程的有关规定和调度管理的范围，清楚本单位电气设备的操作管理及调度操作术语，具有正确调度本单位供配电系统的运行操作和事故处理能力。工作中应充分发挥供配电系统中供电设备的作用，最大限度地满足系统内负荷对电能的需求，保证变配电系统内电能的质量符合使用标准，统一协调地指挥工厂各部门的用电。

四、工厂供配电系统的班组管理

（1）做好班组日常工作分工安排。

（2）推进工作制度的落实。

（3）制定学习计划。

（4）推进设备安全管理责任制，确保设备正常工作和工厂供配电系统正常运行。

五、工厂供配电系统的设备管理

设备管理制度包括设备分工负责制度、新进设备的验收制度、设备的缺陷和评级制度、设备档案以及设备的日常运行制度等。

六、工厂供配电系统运行日志的规范化填写

1. 工作准备

（1）准备运行日志记录簿。

（2）安全着装：穿工作服、绝缘鞋，戴安全帽，做好必要的安全准备工作。

2. 工作内容

（1）交接人员完成交接班记录簿的填写，如表9-1所示

表 9-1　交接班记录簿（样表）

全所无事故＿＿＿天，无运行责任事故＿＿＿天，＿＿＿年＿＿＿月＿＿＿日，星期＿＿＿，天气＿＿＿＿＿，班次＿＿＿＿＿

1. 运行记事（操作，异常，运行） ＿＿＿＿＿＿＿＿＿＿＿＿＿＿＿＿＿ ＿＿＿＿＿＿＿＿＿＿＿＿＿＿＿＿＿ ＿＿＿＿＿＿＿＿＿＿＿＿＿＿＿＿＿	5. 巡视及设备缺陷情况： ＿＿＿＿＿＿＿＿＿＿＿＿＿＿＿＿＿ ＿＿＿＿＿＿＿＿＿＿＿＿＿＿＿＿＿ ＿＿＿＿＿＿＿＿＿＿＿＿＿＿＿＿＿
2. 工作票记录（种类，编号） ＿＿＿＿＿＿＿＿＿＿＿＿＿＿＿＿＿ ＿＿＿＿＿＿＿＿＿＿＿＿＿＿＿＿＿ ＿＿＿＿＿＿＿＿＿＿＿＿＿＿＿＿＿ ＿＿＿＿＿＿＿＿＿＿＿＿＿＿＿＿＿	6. 操作情况： 已执行＿＿＿张，未执行＿＿＿张， 结束＿＿＿张，作废＿＿＿张。
	7. 工作票情况： 执行中＿＿＿张，未执行＿＿＿张， 结束＿＿＿张，间断＿＿＿张。
	8. 装设接地线情况： ＿＿＿＿＿＿＿＿＿＿＿＿＿＿＿＿＿ ＿＿＿＿＿＿＿＿＿＿＿＿＿＿＿＿＿
3. 工作票定期更换 ＿＿＿＿＿＿＿＿＿＿＿＿＿＿＿＿＿ ＿＿＿＿＿＿＿＿＿＿＿＿＿＿＿＿＿ ＿＿＿＿＿＿＿＿＿＿＿＿＿＿＿＿＿	9. 工具情况： ＿＿＿＿＿＿＿＿＿＿＿＿＿＿＿＿＿ ＿＿＿＿＿＿＿＿＿＿＿＿＿＿＿＿＿
	10. 上级通知下一班注意事项： ＿＿＿＿＿＿＿＿＿＿＿＿＿＿＿＿＿ ＿＿＿＿＿＿＿＿＿＿＿＿＿＿＿＿＿
	11. 运行方式： ＿＿＿＿＿＿＿＿＿＿＿＿＿＿＿＿＿ ＿＿＿＿＿＿＿＿＿＿＿＿＿＿＿＿＿
4. 设备情况： ＿＿＿＿＿＿＿＿＿＿＿＿＿＿＿＿＿ ＿＿＿＿＿＿＿＿＿＿＿＿＿＿＿＿＿	接班者　正值＿＿＿　副值＿＿＿ 交班者　正值＿＿＿　副值＿＿＿

（2）完成设备缺陷记录簿的填写，如表9-2所示。

表 9-2　设备缺陷记录簿（样表）

＿＿＿＿＿年　　　　　　　　　　　　　　　　　　　　　　　　　　　　　＿＿＿＿＿页

发现日期		设备名称和 缺陷内容	缺陷性质	缺陷发现人	缺陷汇报人	缺陷消除日期	消除人
月	日						

（3）完成断路器跳闸记录簿的填写，如表9-3所示。

表9-3　断路器跳闸记录簿（样表）

跳闸时间				跳闸原因	保护动作情况	动作次数	累计次数	值班人员	断路器跳闸后抢修日期及工作负责人
月	日	时	分						

（4）完成继电保护装置调试记录簿的填写，如表9-4所示。

表9-4　继电保护装置调试记录簿（样表）

保护设备名称_____　　　　　日期_____　　　　　　第___页

月	工作性质	工作情况	工作负责人	值班人员

（5）完成设备检修试验记录簿的填写，如表9-5所示。

表9-5　设备检修试验记录簿（样表）

单元名称_____　　　　　　　　设备名称_____

年		工作票编号	工作内容	存在问题	评价	工作负责人	值班负责人
月	日						

（6）完成反事故演练记录簿的填写，如表9-6所示。

表9-6　反事故演练记录簿（样表）

变（配）电所：	
日期：　年　月　日　　　　　　　　　第　　号	
演练开始时间：	
演练终了时间：	
学习地点：	
参加演习人员和职称：	

| 领导人： |
| 监护人： |
| 演练题目： |
| 结论：对每一位参加人员做单独评价（指出演练人员有哪些错误） |
| 其他意见： |
| 根据演练的结果而拟定的措施： |

（7）完成运行分析记录簿的填写，如表9-7所示。

表9-7　运行分析记录簿（样表）

参加人员	
分析内容	
分析意见	

（8）完成安全活动记录簿的填写，主要记录进行的安全活动，如表9-8所示。

表9-8　安全活动记录簿（样表）

___年___月___日　　　　　　　　　　　　　　　　　　　　　　　　　　　星期___

参加人员	
内容	
意见	

（9）完成培训记录簿的填写，主要记录值班人员的培训情况，如表9-9所示。

表9-9　培训记录簿（样表）

编号	培训内容	参加对象	人数	起止日期	主办单位	备注

注意事项：运行日志在工作开始前或工作结束后要及时填写，应做到不缺项，不伪造。

任务二 掌握工厂供配电系统节约电能措施

一、节约电能的意义

（1）提高电能的利用率。节约用电，使大负荷用电单位能充分用电，提高生产效率，有效促进国民经济的发展。

（2）节约大量不可再生资源。大量电能是通过煤、天然气等不可再生资源转换而来的，节约电能可节约大量的煤、天然气等一次性资源。

（3）提高企业的经济效益。通过正确的技术措施节约电能，能有效减少电力用户的电费支出。

二、节约电能的措施

（1）建立工厂供配电系统的节约电能的奖励制度。

（2）实行计划供用电，提高能源利用率。国家对用电实行宏观调控，如电费实施阶梯收费制度。对工厂内部的供用电系统来说，各车间应该根据各自的生产需要计划用电，尽量避开用电高峰，错峰用电，节约电费开支。

（3）实行需求侧管理，进行负荷调整。各用电单位发挥各自的优势，特别是对部分自发电企业，应尽量发挥自发电设备的优势，合理调整工厂负荷分布，大耗能设备尽量调整在夜晚用电，做到全面降低系统能耗。

（4）实施工厂供配电系统的技术改造，变配电所应尽可能靠近负荷中心，淘汰高耗能设备，选用变频节能设备，不断提高设备的使用率。

（5）采用无功补偿设备，提高功率因数。

三、工厂供配电系统功率因数的补偿方法

我国《供电营业规则》第41条规定："100千伏安及以上的高压供电的用户功率因数为0.90以上。其他电力用户和大中型电力排灌站、趸购转售电企业，功率因数为0.85以上。农业用电，功率因数为0.80。"

功率因数补偿方法主要有合理选择三相感应电动机、降低电动机的运行电压、根据负荷变化改变变压器运行方式以及采用人工补偿功率因数等。下面主要介绍采用人工补偿功率因数的方法。

采用并联电容器组补偿无功功率是广泛采用的一种补偿方法。

1. 并联补偿电容器组的接线方式

并联补偿电容器组大多采用三角形（△形）接线，如图 9-1、图 9-2 所示。

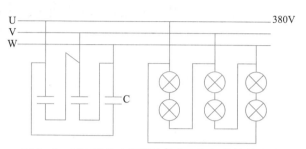

图 9-1　低压线路中并联补偿电容器组的接线方式

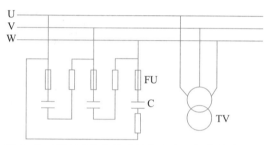

图 9-2　高压线路中并联补偿电容器组的接线方式

2. 并联补偿电容器组的装设位置

并联补偿电容器组可以装设在高压侧或低压侧，如图 9-3 所示。

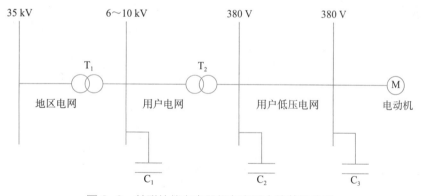

图 9-3　并联补偿电容器组在电网中的装设位置

高压侧补偿一般采用集中补偿的方式，即将并联电容器组接在变电所的 6～10 kV 母线下，一般根据电容器组容量的大小选配开关，对集中补偿的高压电容器组利用高压断路器进行手动投切。电容器组的安装方式可根据台数多少设置在高压配电室或专用的电容器室。

低压侧补偿有个别补偿、分组补偿和集中补偿三种方法。

个别补偿指在用电设备的附近装设电容器，使无功功率就地得到补偿。如图 9-4 所示为电动机旁个别补偿。分组补偿指在电网末端装备共用组电容器补偿装置，能够减少低压配电线路、变压器的无功功率损耗，如图 9-5 所示。集中补偿指将电容器安装在工厂变电所变压器的低压侧（低压母线上），能补偿变电所低压母线前的变压器、高压线路及电力系统的无功功率损耗，有较大的补偿区，如图 9-6 所示。最好的补偿方法是根据工厂实际情况采用电容器集中补偿与分组补偿相结合的补偿方法。

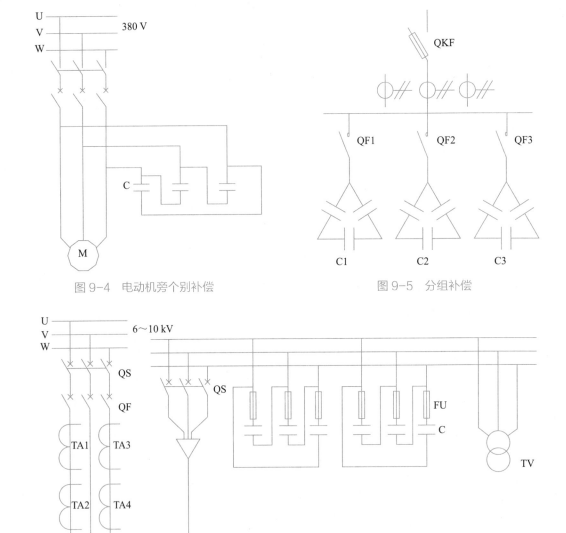

图 9-4　电动机旁个别补偿　　　　　　　　图 9-5　分组补偿

图 9-6　集中补偿

3. 低压无功自动补偿装置

具有自动调节功能的并联电容器组，也称无功自动补偿装置。采用无功自动补偿装置可以按负荷变动情况进行无功补偿，能达到比较理想的无功补偿要求，在大中型企业得到了广泛的应用。

低压无功自动补偿装置的接线如图 9-7 所示，它按电力负荷的变动及功率因数的高低，以一定的时间间隔（10～15 s）自动控制各组电容器回路中接触器的投切，使电网的无功功率自动得到补偿，保持功率因数在 0.95 以上。

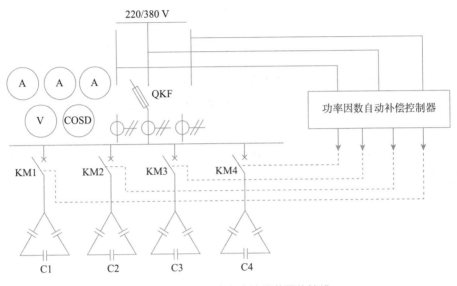

图 9-7　低压无功自动补偿装置的接线

4. 并联补偿电容器组的投切方式

如图 9-8 所示的是利用接触器进行分组投切的电容器组，如图 9-9 所示的是利用低压断路器进行分组投切的电容器组。上述两种投切方法还可以按补偿容量进行分组投切。

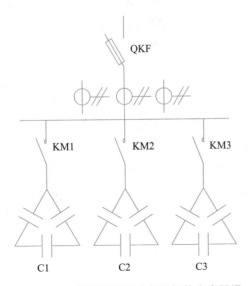

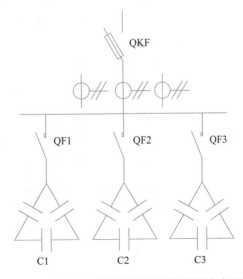

图 9-8　利用接触器进行分组投切的电容器组　　　图 9-9　利用低压断路器进行分组投切的电容器组

四、并联电容器组的投切操作

1. 操作准备

（1）工具的选择、检查：要求能满足工作需要，质量符合要求。

（2）着装、穿戴：穿工作服、绝缘鞋，戴安全帽等。

（3）人员安排：监护人 1 人，操作员 1 人。

2. 操作步骤

1）操作前确认

查看供配电系统的功率因数或电压表是否符合投切要求。若功率因数低于 0.85 或电压过低，则应投入电容器组。若变配电所母线电压偏高（如超过电容器额定电压的 10%），则应将电容器组全部切除。

如果发生下列情况之一时，应立即切除电容器组。

（1）电容器爆炸。

（2）接头严重过热。

（3）套管闪络放电。

（4）电容器喷油或起火。

（5）环境温度超过 40 ℃。

2）并联电容器组的投入和切除

（1）并联电容器组的投入。

在功率因数低于 0.85 时，由运行值班人员向调度员申请投入，收到命令后才允许操作投入电容器组。合上电源侧隔离开关；合上电容器侧隔离开关；合上电容器的断路器；检查电容器三相电流是否平衡，电容器是否有异常情况；向调度员汇报操作任务已完成；在正常情况下，电容器组的投切比较频繁，但在电容器的断路器分闸后，相隔时间超过 5 分钟才允许重新合闸。

（2）并联电容器组的切除。

在功率因数超过 0.95 且有超前趋势时，由运行值班人员向调度员申请切除，收到命令后才允许操作切除电容器组。拉开电源侧隔离开关；拉开电容器的断路器；拉开电容器侧隔离开关；用合格的验电器对电容器组进出线两侧各相分别验电，以确保电容器上已无电压，对外壳绝缘的电容器，除将电容器的电极进行放电外，还必须将电容器的外壳进行放电，在对外壳进行放电前，工作人员不准触及外壳，以防触电；装接地线；记录操作时间，并向调度员汇报操作任务已完成。

五、并联电容器组的巡查与维护项目

1. 操作准备

（1）工具的选择、检查：要求能满足工作需要，质量符合要求。

（2）着装、穿戴：穿工作服、绝缘鞋，戴安全帽等。

（3）人员安排：监护人 1 人，操作员 1 人。

2. 实施运行中并联电容器组的巡查与维护

（1）检查电容器组是否在额定电压和额定电流下运行，三相电流表指示是否平衡。若运行电压超过额定电压的 10%、运行电流超过额定电流的 30% 时，应将电容器组退出运行，以防电容器烧坏。

（2）检查电容器套管及本体是否有渗油、漏油现象，内部声音是否有异常。

（3）检查电容器套管及支持绝缘子是否有裂纹及放电痕迹。

（4）检查各接头及母线是否有松动和过热现象，放电装置是否良好。

（5）检查试温片是否熔化脱落。

（6）检查电容器室内通风是否良好，环境温度是否超过 40 ℃，并记录室温。

任务三 掌握工厂供配电系统事故处理方法

一、工厂供配电系统事故的分类

根据工厂供配电系统事故统计，工厂供配电系统事故主要有电气设备的绝缘损坏引起的事故；电力电缆受外力损坏或中间接头故障引起的接地事故；设备端头松动引起的接触不良事故；绝缘子脏污或损坏引起的闪络事故；电力变压器自身事故；继电保护装置及自动装置的误动作而造成的事故；高压断路器或其操作机构的损坏事故；误操作引起的事故；雨雪浸入、雷电过电压引起的避雷器、瓷绝缘、电压互感器一次熔丝的爆炸、击穿、熔断事故；单相接地故障引起的事故；线路断路器跳闸事故；全所停电事故；各种违反操作规程引发的设备和人身伤害事故等。

二、工厂供配电系统事故处理的原则

事故发生时，值班人员必须冷静，快速启动事故应急预案。具体事故处理原则如下。

（1）按照应急预案，快速分析事故的类型及后果，限制事故扩大，消除事故的根源，并解除对人身及设备安全的威胁。

（2）值班人员确保设备继续运行，对消防等重要用户应保证供电，对没有受到损害的设备应迅速恢复供电。

（3）改变运行方式，尽快恢复设备正常供电。

（4）值班人员应将发生事故的基本情况简单而准确地报告给调度员，并听从调度员的命令进行处理，在处理事故的整个过程中，应与调度员保持联系，并迅速地执行命令，做好记录。

（5）处理事故时，除领导和值班人员外，其他无关人员应迅速退出事故现场。

（6）值班人员必须将事故发生及处理过程详细记入操作簿内。

三、工厂供配电系统事故现场处理人员应具备的素质

工厂供配电系统发生的事故都是突发事故，这需要值班工作人员具备优秀的操作技能和良好的心理素质，做好事故应急预案，并按规范要求做好应急演练。现场值班人员必须具备以下素质。

（1）熟悉并掌握电气作业安全规程，具备电气安全救援知识与技能。

（2）熟悉工厂供配电系统电气主接线。

（3）熟练掌握工厂供配电系统倒闸操作与事故应急处理。

（4）熟练掌握供配电系统继电保护。

（5）熟悉工厂电力负荷分布。

四、工厂供配电系统事故处理的工作程序

（1）根据控制室仪表与信号指示以及设备的外部特征，能准确判断事故发生的原因及范围。

（2）对发生事故的设备及时做停电处理，对不受影响的设备尽力保持或恢复设备的正常运行，但要确保消防用电和保安负荷的正常供电。

（3）值班人员必须及时将事故发生的时间、现象、设备名称与编号、跳闸断路器、继电保护和自动装置动作情况及各仪表参数变化，迅速而准确地报告给当班调度员和领导。

（4）认真监视表计、信号指示并做好现场事故处理记录，所有电话联系均应录音。

五、工厂供配电系统事故处理的注意事项

（1）发生事故时，所有值班人员必须坚守工作岗位，正确执行当班调度员发布的操作命令。

（2）事故发生在交班时间时，值班人员和接班人员应共同处理，经调度员同意后才可交接班。

（3）当班调度员是事故处理的直接责任人，变配电所值班人员应及时将事故发生的时间、地点及处理情况向调度员汇报，并严格执行调度员的命令。若值班人员认为调度员的命令有错误，应指出并解释原因，若调度员的命令直接威胁到人身或设备的安全，则无论在什么情况下，值班人员均不得执行，并及时向上一级领导汇报，按领导指示进一步操作。

（4）处理事故时必须严格执行指令、复诵、汇报、录音和记录制度，使用统一的调度术语和操作术语，汇报内容应简明扼要。

（5）严格执行二人监护制度和操作票制度，做好事故过程的操作记录。

六、变配电所低压主进线开关跳闸事故处理操作

1. 安全准备

（1）工具的选择、检查：要求能满足工作需要，质量符合要求。

（2）着装、穿戴：穿工作服、绝缘鞋，戴安全帽等。

2. 分析事故发生原因

分析低压主进线开关跳闸事故的原因。低压母线侧发生相间或对地短路，一般由以下几种情况引起。

（1）连接螺丝松动，引起过热、跳火（指因接触不良造成的火花），造成对地或相间弧光短路。

（2）金属等导电物体或颗粒掉落造成直接对地或相间短路。

（3）断路器的极限通断能力不够，开关的极限通断能力达不到设计要求，当有大的短路电流通过时，引起断路器绝缘损伤或有弧光喷出引起分支连接小母线，导致短路。

（4）断路器上接线端头缺隔弧板或上接线端头距离裸母线过近，易造成弧光短路。断路器上接线端头必须按规定配置和安装隔弧板并保证上接线端头与裸母线的距离。

（5）房间漏水或清扫时，水溅到导体上引起短路等。

（6）出线分路故障短路，开关越级跳闸，如出线电缆故障、出线电缆终端开关柜内故障、负载或负载开关装置故障等。

（7）操作人员操作失误，如带负荷拉、合刀开关造成弧光短路引起跳闸；开关分、合

闸状态误判，错按"分闸按钮"；防护措施不当或作业人员不认真误碰开关分闸装置等。

（8）开关本体故障。

（9）开关过负荷（很少出现）。

（10）有大容量设备启动或多台大电机同时启动，对电网有较大的电流冲击，超出开关电流动作值。

3. 事故处理步骤

（1）检查跳闸发生的母线段所带的设备是否有明显短路迹象：先检查主进线开关、低压主汇流母线、分支小母线、分路刀开关，然后检查分路断路器、分路熔断器。注意：检查主进线开关的导电软连接带是否有因断裂而搭挂接地。

若发现有明显的故障迹象，则应立即隔离故障点，拉下该分路刀开关，然后合上低压主进线开关。若无明显的故障迹象，则采取如下措施处理：拉下各分路刀开关，断开分路断路器，合上低压主进线开关，摇测并试送各分路。注意：应先试送重要负荷，夜间应先送照明，地下室应先送风。

对于有重合闸装置的线路，应检查重合闸线路是否已切换到未停电段，若未切换，则应检查重合闸分路。正常后，手动切换送电并迅速组织人力分头检查故障线路，查出故障起始点，然后根据故障情况对"症"处理。

（2）低压联络运行方式下的事故处理。若低压主进线开关与低压联络开关同时跳闸，其处理方法同（1）。停电发生的母线段送电正常后，合上低压联络开关，恢复变电所正常运行方式。若低压主进线开关跳闸后，而低压联络开关仍在合闸状态时，一般是开关误动作或开关损坏造成的，则应检查低压主进线开关，无问题后迅速送电。

七、变压器高压侧开关跳闸事故处理操作

1. 安全准备

（1）工具的选择、检查：要求能满足工作需要，质量符合要求。

（2）着装、穿戴：穿工作服、绝缘鞋，戴安全帽等。

2. 分析变压器高压侧开关跳闸事故的原因

变压器高压侧开关跳闸事故发生的主要原因一般有变压器内部故障、变压器过负荷、低压侧由短路故障引起越级跳闸、一次侧开关至变压器高压瓷套管之间发生相间或对地短路事故、人员误动作等。

3. 变压器高压侧开关跳闸事故的处理原则

（1）要准确判断是变压器内部故障还是变压器外部故障，是速断保护动作、定时限过电流保护动作或重瓦斯动作。

（2）要迅速恢复供电，在联络运行方式下，若有 1 台变压器带全部负荷，则将引起过

负荷，处理不及时将造成过负荷跳闸。

（3）要准确查清引起故障的原因。

4. 变压器高压侧开关跳闸事故的处理步骤

（1）根据事故信号判断是哪一台设备跳闸。

（2）确认跳闸性质：查看高压配电柜上的保护装置显示信息，确认是定时限过电流保护动作、速断保护动作或重瓦斯动作。

（3）若为速断保护动作引起的跳闸，则应迅速断开变压器低压侧主进线开关，将变压器退出，防止在低压联络状态下向变压器反送电。同时，要紧密监视另一台正在运行的变压器的电流，防止在低压联络运行方式下，另一台变压器过负荷跳闸。在变压器并列运行方式下，检查低压侧正常后，应将低压母联开关合闸，同时请示调度员调整降低负荷，并视负荷情况考虑是否退出变压器的过电流保护。然后组织人力分头对变压器及其一、二次侧进行检查。首先检查高压开关柜内有无短路，特别要注意是否有小动物引起的短路，检查变压器瓷套管是否完整，连接变压器的母线上是否有闪络的痕迹；其次检查高压电缆头是否损伤，母线是否有移位。排除上述怀疑后，应对变压器内部进行检查。当发现内部有故障时，不得合闸送电。若为保护误动作引起的跳闸，而变压器又没有损伤的迹象，则要对继电保护装置进行检查和试验。若判断无故障，则可空载合闸试送电。合闸后，经检查正常，方可与其他线路接通。

（4）若为变压器的定时限过电流保护动作引起的跳闸，则应先解除音响，断开变压器低压主进线开关，然后检查高压断路器、变压器及其连接母线、电缆头。若没出现明显的故障迹象，则可将变压器合闸试送电，然后按变电所低压主进线开关跳闸的处理方法进行处理。若发现高压断路器、变压器及其连接母线、电缆头有故障迹象时，则应立即进行修理，修理好后方可合闸送电。

（5）有关重瓦斯动作引起的跳闸的原因及处理方法请参阅项目六供配电系统的过电流保护下的任务五中关于电力变压器的继电保护措施等内容。

（6）若因变压器过负荷或人员误动引起的跳闸，则要立即抢送。

拓展阅读

三峡输电工程意义深远

三峡工程建设于 1994 年 12 月 14 日正式开工，2003 年 8 月首批机组正式并网发电，历经十个春秋。十年风雨，十年奋战，三峡工程建设取得了重大的阶段性成果。它符合中国先进生产力的发展要求，符合先进文化的前进方向，体现了广大人民最根本的利益，生动形象地展示了中国的综合国力和现代化建设风貌。三峡工程建设，无论在政治上还是经济上，都具有重大而深远的历史意义，必将载入中国和世界发展的史册。

三峡工程建设是党中央三代领导集体的英明决策，兴修水利，防治水患，历来是治国安邦的大事。三峡工程不但具有防洪、发电、航运等经济效益和社会效益，而且有利于加快长江中上游水电资源的开发和有效利用，有利于三峡库区经济发展和生态环境建设。

三峡工程十年建设所取得的成就，充分体现了社会主义大协作精神和社会主义制度的优越性，谱写了库区移民舍小家、为国家无私奉献的宏伟篇章，实现了几代中国人执着追求的梦想。

党的二十大报告中回顾了中国近十年来取得的重大成就，其中三峡工程、西气东输、西电东送、南水北调、高速铁路等一大批重大工程建设成功，大幅度提升了中国的基础工业、制造业、新兴产业等领域的创新能力和水平，加快了中国现代化进程。

思考与练习

1. 工厂供配电系统运行管理包括哪些内容？
2. 在交接班记录簿上主要记录哪些内容？
3. 说明并联电容器组的投切操作过程。
4. 说明变压器低压侧跳闸事故的处理办法。
5. 工厂供配电系统的事故主要有哪些？

项目总结

本项目介绍了工厂供配电系统的运行管理措施、工厂供配电系统节约电能的意义和方法以及工厂供配电系统事故处理的方法。

（1）工厂供配电系统的运行管理包括安全环境管理、技术管理、运行调度管理、班组管理以及设备管理等。

（2）节约电能可以显著提高企业经济效益，并联电容器组是节电最主要的方法。

（3）提高工厂供配电系统的功率因数可以节约能源。功率因数补偿方法主要有合理选择三相感应电动机、降低电动机的运行电压、根据负荷变化改变变压器运行方式以及采用人工补偿功率因数等。

（4）工厂发生供配电系统事故时，值班人员必须沉着冷静，及时启动事故应急预案，服从调度员安排，做好事故过程的操作记录。

任务工单　变压器高压侧开关跳闸事故处理（以杆上变压器为例）

任务名称		日期	
姓名		班级	
学号		实训场地	

一、安全与知识准备

1.安全着装：

2.设备及仪器仪表准备：

二、计划与决策

1.造成高压侧开关跳闸的原因可能有：

2.检查变压器外观及周边环境：

三、任务实施

1.任务操作

（1）断开10 kV高压柜中的断路器，摇出小车，断开10 kV隔离开关，断开高压侧电容柜，对10 kV变压器高压侧接线验电，确认无误后挂接接地刀闸。

（2）断开低压侧断路器，断开隔离开关。

（3）观察低压侧隔离开关和断路器并测量其阻值，判定其性能好坏并做好记录。

（4）测量低压侧隔离开关出线路的电阻，判断低压侧线路是否发生短路并做好记录。

（5）测量变压器低压侧相间绝缘电阻、相地间绝缘电阻、高、低压间绝缘电阻并做好记录。

（6）测量变压器高压侧相间绝缘电阻、相地间绝缘电阻并做好记录。

（7）综合以上数据判断故障原因。

2. 在实施的过程中，是否存在一些安全隐患？请找出容易忽视的地方。

（1）个人安全防护准备：

（2）操作票：

（3）安全标识及接地安全措施：

（4）救援工具准备：

3. 简述本任务的过程及注意事项，并确认是否有误。

（1）安全着装准备。

（2）分析事故原因并确认操作步骤。

（3）操作票的填写。

（4）现场安全环境的设置。

（5）设备外观及环境检查。

（6）停电并验电，确认无误后挂接接地刀闸。

（7）高、低压侧绝缘电阻测量。

（8）故障判断。

（9）检修。

（10）复查并确认。

（11）拆除接地刀闸。

（12）按照正确的送电操作步骤送电并检测。

（13）确认送电成功。

（14）拆除周边的安全设置及标示牌。

（15）清理现场并上交操作票。

四、检查与评估			
根据完成本学习任务时的表现情况，进行同学间的互评。			
考核项目	评分标准	分值	得分
团队合作	是否和谐	5	
活动参与	是否主动	5	
安全生产	有无安全隐患	10	
现场 6S	是否做到	10	
任务方案	是否合理	15	
操作过程	1. 2. 3.	30	
任务完成情况	是否圆满完成	5	
操作过程	是否标准规范	10	
劳动纪律	是否严格遵守	5	
工单填写	是否完整、规范	5	
评分			

项目十

供配电系统的电气安全检查

目标导航

知识目标

❶ 熟悉供配电系统的电气安全检查适用的规范。

❷ 了解不同类型企业适用的电气安全检查规范。

技能目标

❶ 掌握企业供配电系统电气安全检查常用的步骤及整改措施。

❷ 掌握临时用电的安全检查。

❸ 掌握工贸企业的电气安全检查方法。

❹ 掌握危险化工企业的电气安全检查方法。

素质目标

❶ 通过学习电气安全规范，理解规范在电气作业中的指导意义。

❷ 通过学习工厂电气隐患排查，培养安全意识和积极主动的工作作风。

❸ 通过电气安全案例分析，培养一丝不苟的工作作风和安全无小事的责任态度。

项目概述

本项目通过三例电气安全诊断案例分析，主要介绍了工贸企业、危险化工企业电气安全诊断的依据和诊断的过程。在诊断过程中，时刻要以安全为主线，围绕企业的高压输电安全条件、变配电室的安全条件、电线电缆输电安全条件、车间配电室安全条件、设备使用安全以及临时用电安全条件，依据相关供配电规范，判断设备使用是否安全。在学习案例时要熟读基本的供配电相关的规范，并进行归纳总结，形成一个有逻辑条理便于自己掌握的电气诊断流程，以便于以后的学习和工作。

熟悉电气安全检查适用的规范

一、电气安全检查常用的规范汇总

《用电安全导则》（GB/T 13869—2017）

《低压配电设计规范》（GB 50054—2011）

《供配电系统设计规范》（GB 50052—2009）

《剩余电流动作保护装置安装和运行》（GB 13955—2017）

《通用用电设备配电设计规范》（GB 50055—2011）

《电热设备电力装置设计规范》（GB 50056—1993）

《爆炸危险环境电力装置设计规范》（GB 50058—2014）

《3 ～ 110 kV 高压配电装置设计规范》（GB 50060—2008）

《系统接地的型式及安全技术要求》（GB 14050—2008）

《电力工程电缆设计标准》（GB 50217—2018）

《施工现场临时用电安全技术规范》（JGJ 46—2005）

《化工和危险化学品生产经营单位重大生产安全事故隐患判定标准（试行）》（安监总管三〔2017〕121 号）

二、不同类型企业适用的规范

1. 工贸企业电气安全检查适用的规范

《用电安全导则》（GB/T 13869—2017）

《低压配电设计规范》（GB 50054—2011）

《供配电系统设计规范》（GB 50052—2009）

《剩余电流动作保护装置安装和运行》（GB 13955—2017）

《通用用电设备配电设计规范》（GB 50055—2011）

《电热设备电力装置设计规范》（GB 50056—1993）

《3 ～ 110kV 高压配电装置设计规范》（GB 50060—2008）

《系统接地的型式及安全技术要求》（GB 14050—2008）

《电力工程电缆设计标准》（GB 50217—2018）

《施工现场临时用电安全技术规范》（JGJ 46—2005）

2. 危险化工企业电气安全检查适用的规范

《用电安全导则》（GB/T 13869—2017）

《低压配电设计规范》（GB 50054—2011）

《供配电系统设计规范》（GB 50052—2009）

《剩余电流动作保护装置安装和运行》（GB 13955—2017）

《通用用电设备配电设计规范》（GB 50055—2011）

《电热设备电力装置设计规范》（GB 50056—1993）

《爆炸危险环境电力装置设计规范》（GB 50058—2014）

《3～110kV 高压配电装置设计规范》（GB 50060—2008）

《系统接地的型式及安全技术要求》（GB 14050—2008）

《电力工程电缆设计标准》（GB 50217—2018）

《施工现场临时用电安全技术规范》（JGJ 46—2005）

《化工和危险化学品生产经营单位重大生产安全事故隐患判定标准（试行)》（安监总管三〔2017〕121 号）

| 《低压配电设计规范》 | 《供配电系统设计规范》 | 《爆炸危险环境电力装置设计规范》 | 《施工现场临时用电安全技术规范》 |

任务二 分析某砖厂触电死亡事故案例

一、事故经过

某砖厂电工（有特种作业操作证）与妻子（无特种作业操作证）在砖厂配电室对 2 号控制柜进行检修作业时，由于只对 2 号控制柜的主开关进行了拉闸操作，导致在 2 号柜还存在另一路三相电压的情况下实施带电检修作业，造成触电死亡事故。

二、现场情况勘察

该砖厂供配电采用的是 TT 系统接地，变压器低压输出的三相四线制配电线路经总控开关箱分两路用电缆输入砖厂配电室。一路经配电室补偿柜（简称1号柜）和控制柜2号、3号、4号、5号及6号分别配送至砖厂车间各个电机使用；另一路直接输入2号控制柜中，经三相熔断管连接后由电缆送至砖厂仓库供照明使用。即在2号控制柜中有两路三相电压输入：一路经开关柜总开关控制，分配给制砖车间电机使用；另一路无开关控制，直通熔断管后送至砖厂仓库使用。现场测量零地电压小于1 V，配电柜体对地无危险电压。

三、原因分析

（1）电工在检修2号控制柜时，在没有实施完全断电的情况下进行带电检修，该违章作业是造成触电死亡事故的直接原因。

（2）电工在检修设备时，没有按《用电安全导则》的规范要求穿戴绝缘胶鞋和橡胶手套，以及采取对检修线路断电后加装接地保护等措施是触电死亡事故的间接原因。

（3）电工在检修设备时没有按照"一人巡视，一人作业"的两人操作票制度作业是发生触电死亡事故的次要原因，属违章作业。

四、整改措施

根据国家标准 GB 50054—2011《低压配电设计规范》和 GB/T 13869—2017《用电安全导则》的相关规定，结合事故现场，整改措施如下。

（1）建立用电检修操作工作票制度，在配电室门上加装"有电危险，禁止进入"的警示标识。

（2）变压器输出控制柜内改装带漏电保护功能的断路器，并对控制柜外壳实施接地保护。

（3）配电室内并列排放的6个控制柜的两端应设两个出口。

（4）配电室内电缆沟应加装盖板，电缆沟应采取防水和排水措施，并采取防老鼠进入措施。

（5）配电室内配电总开关控制柜应加装接地线，接地线截面面积应不小于 4 mm^2。

（6）2号控制柜内通往仓库的照明线路应重点改造，拆除原线路，单独设置配电箱并用带漏电保护的断路器对线路进行控制。

（7）对1号、2号控制柜后加装防护盖板，对5、6号控制柜后的防护盖板进行改造，保证防护盖板与带电体有 100 mm 的安全距离。

（8）配电室内应配备绝缘胶鞋、橡皮手套以及维修用的接地短接线，并配备临时照明装置和二氧化碳灭火器。

（9）制砖车间的所有电机及控制柜应加装接地线，接地线截面面积应不小于 4 mm²。控制柜与电机间的线路应做好穿管防护。

（10）制砖车间电缆沟应加装盖板并采取防水、防老鼠进入措施。

（11）制砖车间接线盒盖板缺失的电机应加装接线盒防护盖板。

任务三 分析 KTV 触电死亡案例

一、情况介绍

某日，一群青年在 KTV 唱歌庆祝生日，其中一名青年在拿话筒唱歌时触电死亡。当地应急管理局安全生产执法大队联合公安机关马上介入此事。此次触电事故造成 1 人死亡，企业直接经济损失巨大。

如果你是电气事故勘察人员，应该怎样去检测判断事故原因并完成整改工作？

二、现场情况勘察

（1）两个包房墙上的配电盘及中央空调配电盘存在设计隐患。两个包房的配电盘上接地进线为红色，与电源相线无区别；配电室内各包房分配控制电器没有装设漏电保护装置，存在重大安全隐患；两个配电室内存放杂物且无干粉灭火器。

中央空调配电室处于楼层顶层，与热水管道相邻且进出相线及配电盘均处于热水管道下方不足 0.2 m 处，无隔热措施；一大一小两配电柜处于室内空调外机进风口不足 0.2 m 处，进出相线电缆无穿管防护，大配电柜内主断路器无固定措施，且与相邻接地条不足 1 cm，易造成短路事故；小配电柜体无接地措施，配电盘下方地面雨天易积水，易造成操作人员触电伤亡事故。

（2）包房内墙壁暗装电源插座内的相线端子与音响信号线距离过近且无绝缘隔离措施，易发生串电事故。

（3）包房内音响设备与电源插座间的电源连接线无接地线，设备外壳对地电压高达 90 V。

（4）在事故包房供电线路勘察发现，电源进线零线和地线接反错用。

三、原因分析

（1）KTV 企业无专职电工，电工岗位由一名工作人员临时代办，没有经过安全培训，没有持特种作业（低压）上岗证，属无证上岗。电工无证上岗是事故发生的间接原因。

（2）事故包房内的电源进线零线与地线接反错用，致使话筒外壳带电110 V，是事故发生的直接原因。

四、整改措施

根据国家电力行业《低压配电设计规范》（GB 50054—2011）和《用电安全导则》（GB/T 13869—2017）等行业规范，结合现场勘察检测结果，现制定整改措施如下。

（1）配电室及内部电气设备整改措施。

①配电室内应张贴电工操作作业规范并配备专人值班，严禁非电工人员进入值班室，值班电工应做到上下班前每日早晚巡查。

②清除配电室内易燃杂物并保持配电室清洁，以保证各控制电器正常工作，两配电室内应配备二氧化碳干粉灭火器和应急灯。

③配电盘内各包房分控空气开关全部更换成带有漏电保护功能的空气开关，漏电保护装置动作电流不大于30 mA，动作时间小于0.1 s。空气开关应选用容量为20 A的漏电保护一体的开关。空气开关按说明书安装好后，应带载试验三次以上，确保漏电保护装置能正常工作。

④配电盘内各相进出线应添加标签以区分三相火线、零线和接地线，以便于以后的检测和维修。

⑤中央空调配电盘可考虑将原配电盘合二为一，重新按标准制作配电盘或选用成品配电柜，重新选址放置于室内干燥环境中。如果仍放置原处应考虑远离空调外机1 m以外，进出线用电电缆且应加装铁套管至配电盘，同时配电盘顶部和底部要加装防雨和防水保护措施。

（2）包房内墙壁暗装电源座内的相线端子与音响信号线之间加装绝缘隔离，用胶带缠绕信号线（5 cm左右），确保信号线不碰触电源相线，避免发生电流串入音响设备造成电击伤亡事故。

（3）检查所有包厢内的所有音响设备与电源间的电源连线，如果发现三孔插头缺失接地端子的电源线，一律更换为完好的三孔电源线。

（4）不定期检查输入电源端零地电压和各包房音响设备机壳对地电压。如果零地电压高于4 V以上或音响设备机壳对地电压有异常，应及时排查原因，确保人身安全及设备正常工作。

企业存在的电气安全
隐患及整改措施

分析易燃易爆化工企业电气安全专项内容

电气安全隐患排查是易燃易爆化工企业安全检查一项重要的工作。为了避免电气设备在易燃易爆化工企业生产过程中造成重大事故，通过研究易燃易爆化工企业生产工艺，结合国家安全生产法律法规，统计电气设备在设计施工及使用管理过程中的非正常因素，形成了一套行之有效的电气设备隐患排查方法。其方法对于快速掌握电气设备隐患在生产过程造成的影响，及时整改安全生产隐患，避免造成重大的人身伤亡和设备的严重损害，大有必要。

近年来，我国石油和化工企业安全生产事故频发。电气安全是易燃易爆化工企业安全生产隐患排查的重点项目。本任务依据《供配电系统设计规范》（GB 50052—2009）、《爆炸危险环境电力装置设计规范》（GB 50058—2014）、《化工和危险化学品生产经营单位重大生产安全事故隐患判定标准（试行）》（安监总管三〔2017〕121号）等相关标准、规范，分析了一般化工企业在役电气设备存在的问题，对其他非化工企业电气安全诊断有借鉴作用。

一、企业供配电情况介绍

某公司目前供配电体制采用一路 10 kV 高压电缆从厂区外化工园区接入，经厂内两个高压变电工区进行变配，输出电压为 380/220 V，三相四线制供电，分别向厂区和二期建设工地送电。厂区负荷总功率为 1348 kW，年用电高峰集中在七、八、九月，厂区内存在易燃易爆区域有九处，其中八处是生产车间和存料区，另一处为办公楼中的实验室生化区。厂区内无应急供电设备。

1. 生产场所电气负荷分布

生产场所电气负荷分布如图 10-1 所示。

公司供配电系统是从厂区外化工园区接入高压 10 kV，经高压电缆直埋送入厂内变电工区，变电工区内共有变配电设备（变压器）7 台，其中 5 台位于生产厂区，2 台位于二期建设工地。生产厂区的 5 台变压器，2 台充油式变压器（编号 #1 和 #2）户外使用水泥杆架设，单台变压器容量为 315 kVA；3 台箱式变压器（编号 #3、#4、#5），单台变压器容量为 630 kVA。二期建设工地有两台箱式变压器（编号为 #6 和 #7），单台变压器容量为 630 kVA，一台为二期建设工地供电，一台机动。厂区变压器容量及供电区域情况分布如表 10-1 所示。

图 10-1　生产场所电气负荷分布

表 10-1　厂区变压器容量及供电区域情况分布

编号	单台容量 /kVA	负荷 /kW	供电区域
#1	315	144	3-1 车间
#2	315	144	3-2 车间
#3	630	230	3 车间、后勤、循环水池
#4	630	230	3-3、3-4 车间
#5	630	230	4 车间、冷冻、3-5 车间
#6	630	230	二期建设工地、污水处理、三效蒸发配电室
#7	630	100	机动

2. 电气控制系统及组成

车间主要负荷电气接线如图 10-2 所示。

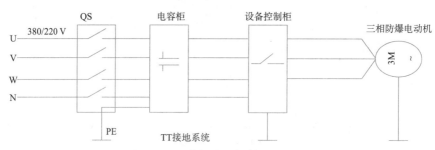

图 10-2　车间主要负荷电气接线

10 kV 高压经厂区变压器变换为 380/220V，通过低压电缆并顺围墙边通过电缆沟依次配送到各车间配电室，经过电容柜提高功率因数后配送到各个设备控制柜，最后通过电缆桥架送至车间设备供电，用电设备主要是三相防爆电动机。配电室供电接地类型为 TT 类型，配电车间电容柜已接地，配电室电气设备与易燃易爆车间已通过防火墙隔离，车间电气设备已接地。

3. 运行和管理

1）终端用电运行情况

根据安全评估报告，8 大车间均属易燃易爆二区，各车间电气设备大多采用防爆电器，设备用电线材均经电缆桥架接入，控制开关采用防爆开关，电气设备运行良好。

2）公共照明和办公设备用电情况

厂区内公共照明采用单相二线制供电，控制设备位于厂区门卫室，照明灯杆和照明设备未做接地处理，未按要求设置漏电保护器。

3）空调系统运行情况

厂区内空调系统集中在办公楼和宿舍楼，由 #3 号变压器供电送入办公楼和宿舍区，供电接地类型为 TT 类型，未按规范要求设置漏电保护器。厂区内共有空调 30 台，单台功率为 3 kW，空调设备总功率为 90 kW，设备运行情况良好。

4）各变压器相线、中线电流及温度

各变压器相线、中线电流及温度数据如表 10-2 所示。

表 10-2　各变压器相线、中线电流及温度数据

编号	A 相（A）	B 相（A）	C 相（A）	N 相（A）	变压器温度	运行情况
#1	221	218	223	6	50	良好
#2	270	280	273	5	50	良好
#3	350	351	342	0	50	良好
#4	350	350	350	0	50	良好
#5	350	350	350	0	50	良好

续表

编号	A相（A）	B相（A）	C相（A）	N相（A）	变压器温度	运行情况
#6	350	350	350	0	50	良好
#7	350	350	350	0	50	良好

5）电缆沟内高、低压电缆用途及标识

高、低压电缆无标识，无流向指示，无分层布置，电缆沟无盖板。

二、诊断依据、路径

1. 诊断的主要依据

《用电安全导则》（GB/T 13869—2017）

《低压配电设计规范》（GB 50054—2011）

《供配电系统设计规范》（GB 50052—2009）

《剩余电流动作保护装置安装和运行》（GB 13955—2017）

《通用用电设备配电设计规范》（GB 50055—2011）

《电热设备电力装置设计规范》（GB 50056—1993）

《爆炸危险环境电力装置设计规范》（GB 50058—2014）

《3～110kV 高压配电装置设计规范》（GB 50060—2008）

《系统接地的型式及安全技术要求》（GB 14050—2008）

《电力工程电缆设计标准》（GB 50217—2018）

《施工现场临时用电安全技术规范》（JGJ 46—2005）

《化工和危险化学品生产经营单位重大生产安全事故隐患判定标准（试行）》（安监总管三〔2017〕121 号）

《公司精细化工有限责任公司 5000 吨／年医药中间体、3000 吨／年光引发剂及抗氧剂产品建设项目安全诊断报告》

2. 诊断路径

进线（高压场所）→变压器（低压）→电力传输线→现场配电（车间配电场所、车间设备）→临时用电→电工行为准则。

三、电气伤害事故原因分析

在变配电系统、用电设施和设备、电气维修作业及临时用电工程中，主要容易因为下列因素引发电气伤害事故。

（1）在变配电系统中，由于设计不合理、绝缘不可靠、屏护措施不当、安全距离（安全空间）、接地装置不符合要求，未配备必要的安全用具等，容易发生电气伤害事故。

（2）在变配电系统中违反《电业安全工作规程》，未严格执行"两票、三制"导致误操作、误拉合刀闸开关、误入带电间隔、误合接地刀闸等；停电检修电气设备时，未彻底切断电源，未在停电回路上挂"禁止合闸，有人工作"的标志牌，检修前未用合格的验电器对停电设备及周围设备验电；作业时未分清火线、零线；使用不合格的手持电动工具和移动式电气设备，电源线任意加长、拖地或跨越通道；在危险作业场所作业，未安排专人进行监护；电气作业人员未穿戴合格的防护用具，使用不合格的绝缘工具；非电工作业人员进行电气作业等均为电气违章作业，电气违章作业是造成电气伤害的主要原因。

（3）变配电室由于管理不善，门窗未采取可靠的防止小动物（鼠、猫、鸟、蛇等）进入措施的情况下，当小动物进入变配电室并窜入变配电柜时，有可能发生小动物触电，造成电气短路，引发电气火灾，导致烧毁变配电室设备并伤及有关人员。

（4）各种电气设备和设施，尤其是在潮湿区域的用电设备设施，在运行使用过程中，由于防（屏）护不当、接地保护未接在专用保护线上，容易发生造成电气伤害。

（5）电气危险场所（如潮湿、金属容器内、大面积金属结构）中的设备没有使用安全电压和配备漏电保护器，容易导致触电（电击）事故和电气火灾。

（6）因接线错误，导致设备意外带电，如插头错误接线，就可能发生相线和保护线（PE线）接错导致的电气伤害。

（7）因开关、线路、插头、接线处破损、导线老化龟裂等使绝缘失效，易造成电气伤害。

（8）临时用电未按规定办理审批手续或临时用电线路系统接装不符合规定要求，易造成电气伤害。

（9）使用危险性较大的各种手持式电动工具、小型移动式用电设备（切割机、电焊机等）和移动行灯时，因电气设备绝缘不好、绝缘工具不合格、使用非电工绝缘工具或未按照规定在电源侧加装漏电保护器，易造成电气伤害。

（10）动力配电柜（箱）PE线接线错误或连接松动；电气元件及线路接触不好或不牢固；保护装置不齐全、与负载匹配不合理；外露带电部分屏护不好，易造成电气伤害。

（11）安全技术措施不当导致触电伤亡事故。如未按规定采用安全电压、安装漏电保护器、接保护线（PE线）失效等安全措施。

（12）若电气设备的触电保护、漏电保护、短路保护、过载保护失灵，绝缘老化、电气隔离不到位或屏蔽不可靠，会引起电气火灾、触电等事故的发生。

（13）易燃易爆场所未设置防爆电器或设置的防爆电器等级不够，产生的电火花易造成电气伤害，甚至引发火灾爆炸事故。

四、电气隐患存在场所及类型

电气隐患存在场所及类型如表 10-3 所示。

表 10-3　电气隐患存在场所及类型

序号	场所	隐患描述	隐患类型	整改建议
1	变电工区	#1 号变压器地下废弃的高压电缆未处理	一般	将不用的地下电缆两头做接地处理或拆除
2		#2 号变压器负荷开关箱下口未封堵；外部导线绝缘套管老化开裂	一般	对开关箱下口封堵，防止小动物钻入；更换老化导线绝缘套管并捆扎固定，做到整齐有序
3		接地不规范或无接地，用电设备零地电压超过 4 V	一般	定期检测各变压器的线电流和零线电流，计算三相不平衡度，合理调整用电负载，定期检查接地线路，零地电压不允许超过 4 V
4		变电区域地面有易燃木板；饲养有动物	一般	清除变电区域内易燃杂物；变电工区内严禁饲养动物
5	电缆线路传输	电缆沟内电缆无日晒防护、无防雨防护；电缆沟盖板有易燃木板；部分电缆长期浸泡在水中	一般	合理规划设计电缆沟，高、低压电缆分层放置，沙土填充或电缆沟上加水泥盖板，及时清除电缆沟内积水，定期对电缆沟进行检查维护
6		电缆沟内电缆接头不规范，电缆接头未接地，电缆接头部位无绝缘防护	一般	加强电缆接头监控维护，重做电缆接头，在电缆接头处加装绝缘套管，同时对电缆屏蔽层做接地处理，让电缆从电缆沟通过；埋地敷设电缆的接头盒下面应垫混凝土基础板，其长度应超过接头保护盒两端 0.6～0.7 m
7	冷冻车间	抽水电机开关控制箱严重生锈，无接地保护，无漏电保护，无防雨防护；抽水电机动力线无套管防护，无"有电危险，禁止触摸"警示标志，无围栏隔离防护	一般	更换抽水电机开关控制箱，设置防雨防护，采用三相五线制供电，设置接地和漏电保护；在抽水电机外围设置围栏，对抽水电机动力线加装套管并捆扎固定
8		冷冻车间动力进线电缆沟无盖板防护	一般	在电缆沟上加装混凝土盖板防护
9		冷冻车间动力柜未采用三相五线制供电，未接地，冷冻机组无漏电防护，动力柜内有杂物	一般	在动力柜外重新制作地线，并在动力柜内零地跨接，然后分成单独零线和地线，形成 TN-C-S 系统供电体制，在动力柜内加装漏电保护器；清除动力柜内杂物
10		电缆桥架部分无盖板；地面电缆沟盖板压住了电缆，电缆沟无贯通；冷冻机组动力线设有接地和漏电保护；循环水电机不防爆	重大	冷冻机组采用三相五线制供电，动力线应设有接地保护和漏电保护；打通电缆沟增加电缆盖板；更换循环水电机为防爆电机

续表

序号	场所	隐患描述	隐患类型	整改建议
11	丁硫脲烘房	烘房有非防爆电气插座；烘房外控制箱动力进线未采用三相五线制供电，动力箱未接地，双锥干燥机未接地，未装设漏电保护器；烘房内封闭电缆线槽破损严重；烘房内散热风扇未采用三相五线制供电，未接地，无漏电保护	重大	拆除烘房内非防爆电源插座；烘房外动力箱进线要采用三相五线制供电，动力箱要接地，动力箱输出到干燥机的动力线、接地线要接干燥机外壳，为干燥机加装漏电保护器；修补破损电缆线槽；动力箱内要为散热风扇设置"一机一闸一漏"
12	3-5车间配电室	配电室门口无"有电危险，禁止入内"警示标识；配电室内无配电室管理及电工值班制度；配电室无应急照明；配电室门内开	一般	配电室门口张贴"有电危险，禁止入内"警示标识；管理制度及电工值班制度应张贴上墙；配电室内应设应急照明；配电室门应外开
13		电缆沟无盖板；电缆桥架破裂；开关柜维修通道距离不足 0.2 m	一般	电缆沟加装盖板，并封堵电缆沟入口；修补电缆桥架；加强对维修时的监控管理，严格遵守两人操作票制度
14	3-5车间	打料泵电机无雨水防护，个别电机生锈严重，动力配线散落地面；车间外电气设备无接地和漏电保护	一般	从动力配电箱增加电气设备接地和漏电保护（TN-C-S系统）；规范电机动力配线，重新捆扎固定；在车间外的电机均设置防雨罩
15	3-3 3-4配电室	配电室门内开，门口无"有电危险"警示标志，无应急灯；电缆沟无盖板，无防小动物措施；无第二出口；室内有杂物，电缆桥架盖板有缺失	一般	配电室门外开，在门口张贴"有电危险"警示标志，增设应急照明，补充电缆盖板，修补电缆桥架，做好防小动物措施；当配电室长度超过7米时应增加第二出口，清除杂物
16		配电开关柜采用TT接线	一般	配电开关柜内接线全改为TN-C-S接线方式，各用电设备增设接地和漏电保护
17	3-2配电室	配电室无门、无警示标志，无应急灯；电缆沟盖板缺失，无防小动物措施；配电室内无管理制度；高压进线电缆有易燃物	一般	增加外开门；配电室张贴"有电危险"警示标志，增加应急照明，补充电缆沟盖板，做好防小动物措施，张贴管理制度，清理进线电缆易燃物
18	3-2配电室	配电室门上无警示标志，无应急灯；电缆盖板缺失，无防小动物措施；室内杂物多，配电室内无管理制度；配电柜内电流互感器放置位置不正确，接线凌乱	一般	配电室门上张贴"有电危险"警示标志，增加应急照明；清理室内杂物，补充电缆沟盖板，调整电流互感器的安装位置，规范接线，重新捆扎
19		配电室无管理制度，有电线未套管穿墙到对面易爆车间，无应急照明	一般	张贴管理制度上墙；封堵墙上的孔洞，收回电线；加装应急照明
20	烘房1	开关线粉尘严重；地面有凌乱线头	一般	定期清理粉尘，整理线束，捆扎有序
21	烘房2	电缆桥架无保护，风机无接地和漏电保护	一般	补充电缆桥架保护；风机动力线应从配电室引出，增设接地保护和漏电保护

续表

序号	场所	隐患描述	隐患类型	整改建议
22	闪蒸房	车间电气控制柜为非防爆；空压机为非防爆；打包机用不防爆插座，无接地，无漏电保护；空调为非防爆电器，动力线部分未加套管，且有裸露线头散落地面	重大	闪蒸房所有用电设备必须有"一机一闸一漏"设置，所有电器必须为防爆电器，所有电气线路要加装套管防护
23	储罐区	电机无防雨防护；电机生锈严重	一般	为储罐区电机加防雨防护；维修更换生锈电机
24		法兰跨接线不合规；电气设备防静电接地电阻大于4Ω	一般	规范法兰跨接线并与设备接地连接；制作规范接地线，防静电接地电阻不大于4欧
25	4车间外围	东侧围墙电缆接头不规范；电缆接头与天然气管道过近；真空机组电机无防雨防护；法兰接地跨接不规范；空压机放置位置不合适且不防爆；真空泵机组电机破损且无防雨防护，部分拆除设备的电源线仍未拆除；外部电缆无防护套管	重大	规范电缆接头；保持电缆接头与天然气管道安全距离大于2米；外部电机加装防雨防护；规范法兰跨接线；更换空压机为防爆电机并调整位置；维修真空泵机组电机，拆除不用的电源线，对外部电缆加装防护套管
26	4-1车间	废水电机生锈严重；电气控制柜不防爆；风扇无漏电保护和接地保护；搅拌电机皮带无防护	重大	维修或更换废水电机；电气控制柜移到配电室；风扇设接地和漏电保护；搅拌电机皮带加装防护罩
27	4-2车间	电气开关安装位置不合适；电气开关功能标识不清	一般	调整电气开关安装位置；在电气开关上做好功能标识
28	氢溴酸车间	电机生锈严重；电缆桥架无防护；不用导线未清理	一般	维修电机；对电缆桥架进行维护；清除不用导线
29	二车间冷冻机组	冷冻机组放置在易爆环境内；控制开关箱和电气插座均不防爆	重大	将冷冻机组调整至合适非防爆区安装；更换所有控制开关箱和电气插座为防爆类型
30	908生产车间	车间水泵电机防水罩紧贴电机；车间配电室积尘严重；烘房电气接线凌乱；室外电线无套管防护	一般	抬高电机防水罩位置；及时清理配电室积尘；整理烘房电气接线；室外电气线路加装套管防护
31	污水站	污水站配电室动力进线采用TT接线；临时用电未设置警示标志；配电箱上有杂物；地面未设置绝缘	一般	污水站供电改为TN-C-S系统；临时用电要设警示标志，采取三相五线制供电，要设接地保护和漏电保护；清除配电箱上杂物；在地面铺设绝缘地垫
32	应急物资室	动力进线采用TT接线；开关柜内有裸露不用的线头；未设漏电保护电路	一般	供配电改为TN-C-S方式；采取三相五线制供电，要设接地保护和漏电保护；清理不用的线头
33	成品库	成品库用颗粒机无开关，无漏电保护，无接地保护；风机非防爆，无漏电和接地保护；门口配电箱无漏电和接地保护	一般	配电箱采用接地和漏电保护；颗粒机和风机电路要按"一机一闸一漏"要求设置与连接

续表

序号	场所	隐患描述	隐患类型	整改建议
34	办公楼和食堂	办公楼后墙信号线凌乱无固定；化验室未采用防爆电器；食堂配电箱无接地和漏电保护	重大	捆扎固定办公楼后墙信号线；化验室电器更换为防爆电器；食堂配电采用三相五线制供电，设接地和漏电保护
35	二期建设工地	建筑工地未采用三相五线制供电；电气设备未接地，未设置漏电保护器，开关箱采用易燃木板且无防雨防护；动力线散落至地面和作业面	一般	在动力配电开关柜采用TN-C-S接地系统，每路负载均采用三相五线制供电，设备外壳必须接地，必须设置漏电保护器；整理抬高动力线并设置"有电危险"警示标志
36	二期维修车间	车间供电无接地和漏电保护；风机无接地和漏电保护；氧气瓶与配电箱距离过近；加工机械无接地和漏电保护；作业现场地面摆放凌乱，维修2车间地面有裸露导线头	一般	车间供配电采用TN-C-S系统；所有供电设备全采用三相五线制供电，设置接地和漏电保护；改变氧气瓶与配电箱距离；进一步规范整理维修车间，加强对车间供电管理和人员管理
37	二期新建污水站	配电室开关箱接地不规范，无漏电保护；无配电室管理制度和电工值班制度	一般	把接地改为TN-C-S供电系统，设接地和漏电保护；张贴配电室管理制度和电工值班制度

五、主要问题分析

此次电气安全诊断共发现37项隐患，其中7项为重大隐患，30项为一般隐患，主要问题分类如下。

1. 电气设计、安装、拆除方面

未经过专业电气设计，无厂区电气设备布置图，凭经验布置电气线路及设备。部分处于爆炸危险区域的开关、电机等未使用防爆类型，根据《化工和危险化学品生产经营单位重大生产安全事故隐患判定标准（试行）》（安监总管三〔2017〕121号）判定为重大隐患；配电箱、电气设备未采用TN-C-S接地系统；零线带电；电缆沟无盖板；部分电缆浸泡于污水管沟内；部分室外电机无防雨罩；电线布置凌乱不合理、未使用套管保护；部分停止使用的电线、电缆、控制柜、开关等未拆除或做安全防护措施。

2. 电气管理方面

（1）电气安全管理制度方面。配电室无安全管理制度及安全操作规程。

（2）电气安全检查、保养方面。未建立或严格执行电气安全检查要求；部分电线开关、控制柜、桥架内存在大量粉尘、易燃杂物，未定期清理；部分电机外壳腐蚀严重、接地效果不良。

（3）电气使用过程风险控制方面。未提供检维修电气设备前的风险分析记录；检修存在断电未挂牌、不上锁等不规范行为；生产场所虽使用了防爆移动式风扇，但电线接头、插座为非防爆类型；储罐区的电气设备、防静电接地电阻大于4Ω；作业场所临时用电大量私拉电线，线头裸露，无警示标志等。

六、改善电气安全条件的建议

（1）建议按照表10-3整改建议消除电气安全隐患。

（2）梳理厂内电气设备功率，调整变配电所三相电功率平衡。

（3）完善电气专业设计，按照设计安装施工。

（4）电气设备布置按照爆炸危险区域和非爆炸危险区域划分，其中爆炸危险区域内的电气设备应符合相应的防爆等级。

（5）电缆的布置走向应充分按照高压、低压线路分开敷设，设置明显的警示标志。整理电线走向，规范标签。

（6）设备、防静电接地应规范，按时检查、保养电气设备。

（7）加强对作业人员电气安全培训，禁止私拉电线，临时用电应进行风险分析、审批。

七、总结

本任务通过对生产原材料、生产过程、生产工艺及产品类型的分析，查找了生产区域内存在的隐患，依据电气安全法律法规，结合供配电传输过程特点，快速排查出电气设备的安全生产隐患，并及时整改，以避免发生重大安全生产事故。党的二十大以后，应急管理部要求政府和当地应急管理部门进一步强化对易燃易爆企业生产过程的监管，设计施工要科学合理，生产过程仪表监控要全程自动化，这对现场管理人员提出了更高的技术要求，唯有不断地学习化工企业先进生产技术，加强对设备、仪表和供配电过程隐患排查，才能确保生产的安全。

📖 拓展阅读

电气火灾

电气火灾是指由电气设备、线路、设施等引发的火灾。它是一种特殊类型的火灾，因电气设备的故障、短路、电弧等导致电能转化为热能，从而引发火灾。电气火灾具有以下特点。

（1）破坏性强：电气火灾产生的热量和火焰往往非常大，能够迅速破坏周围的物体和建筑，造成严重的财产损失。

（2）扩散速度快：电气火灾由于电能的特殊性质，火势往往蔓延迅速，扩散范围广，人们很难及时逃生。

（3）隐蔽性强：电气火灾往往在设备内部或隐藏的线路中发生，不易被发现，增加了灭火和救援的难度。

2021年7月24日15时40分许，吉林省长春市净月高新技术产业开发区银丰路472号，吉林省李式婚纱摄影楼有限公司拍摄基地李式婚纱梦想城发生重大火灾事故，造成15人死亡，25人受伤，过火面积6200 m²，直接经济损失3700余万元。李氏婚纱梦想城二层的"婚礼现场"摄影棚上不照明线路漏电，击穿线路穿线蛇皮金属管，引燃周围可燃仿真植物装饰材料是该事故发生的直接原因。

每一位公民都应该安全用电，避免电气火灾事故的发生。党的二十大报告提出"统筹维护和塑造国家安全""提高公共安全治理水平""推动公共安全治理模式向事前预防转型"，这些论述明确了国家安全工作维护和塑造并举的努力方向，提出了提高公共安全治理水平的战略要求，部署了推动公共安全治理模式由以事后处置为主向以事前预防为主转型的战略任务，充分体现了新时代新征程国家安全工作的主动性、进取性、创造性。

思考与练习

1. 阅读《供配电系统设计规范》(GB 50052—2009)，完成以下要求。

（1）说明三级负荷的分类。

（2）说明变压器运行安全条件。

（3）说明配电室安全条件。

（4）说明电缆敷设要求。

（5）说明接地导体的基本要求。

2. 阅读《施工现场临时用电技术规范》(JGJ 46—2005)，完成以下要求。

（1）说明临时用电适用的场所。

（2）临时用电的基本要求。

3. 阅读《剩余电流动作保护装置安装和运行》(GB 13955—2017)，完成以下要求。

（1）哪些场所必须安装剩余电流动作保护装置？

（2）电流动作保护装置的工作原理是什么？

4. 阅读《3～110 kV高压配电装置设计规范》(GB 50060—2008)，完成以下要求。

（1）《3～110 kV高压配电装置设计规范》中对各电压安全距离的基本要求是多少？

（2）高压配电室安全条件有哪些？

5. 阅读《爆炸危险环境电力装置设计规范》(GB 50058—2014)，完成以下要求。

（1）说明爆炸危险环境的分类。

（2）说明爆炸危险环境对电气设备的要求。

（3）说明防爆电器的分类与适用环境。

项目总结

本项目介绍了工厂供配电系统电气安全诊断过程中常用的规范，通过两例中小型企业事故案例分析，给出了电气事故案例分析的一般方法；通过一例易燃易爆化工企业的电气安全条件诊断过程，给出了易燃易爆化工企业电气安全诊断路径和诊断要点。

（1）中小型电气事故主要通过勘察事故现场的生产条件，了解事故发生的时间、地点、操作人员以及事故发生过程，通过事故造成的后果认真分析事故发生的基本原因，找到事故发生的主要原因。主要包含生产现场条件的不安全因素、生产设备的不安全因素、操作人员的不安全因素（是否持证）以及操作过程的不安全因素（操作票）。

（2）中小型企业的电气安全条件诊断要根据供配电的能量传递过程，依次从进线（高压场所）→变压器（低压）→分线进设备→现场配电（数量、场所、设备负荷），依据相关规范查找在以上过程中的电气安全隐患。对于企业的临时用电管理，主要检查临时用电的操作票以及现场设备是否执行"三相五线制"供电和"一机一闸一漏"等相关规范。

（3）对于具有易燃易爆危险环境的企业，要根据企业的原材料、生产过程、生产工艺以及安全距离，综合判断设备所处的环境是否是易燃易爆危险环境。对于易燃易爆危险环境的电气设备，要严格按照《爆炸危险环境电力装置设计规范》（GB 50058—2014）的规范要求检查电气设备的安全条件，查找隐患，区分一般隐患和重大安全生产隐患，对于重大安全生产隐患要立即整改。

任务工单　学校高、低压供配电系统电气隐患诊断

任务名称		日期	
姓名		班级	
学号		实训场地	

一、安全与知识准备

1. 安全着装：

2. 设备及仪器仪表准备：

3. 实施本任务时，要有学校电气技术人员协同，做好操作票的内容：

二、计划与决策

请根据任务要求，确定所需要的检测仪器、工具，制定详细的作业计划。

1. 检测仪器与工具校验步骤：

2. 作业中的安全措施：

三、任务实施

1. 变电工区电气隐患检查：

2. 低压电缆隐患检查：

3. 教学楼（实训楼）配电室安全条件检查：

4. 教室（实验室）电气设备隐患检查：

5. 临时用电隐患检查：

四、检查与评估

根据完成本学习任务时的表现情况，进行同学间的互评。

考核项目	评分标准	分值	得分
团队合作	是否和谐	5	
活动参与	是否主动	5	
安全生产	有无安全隐患	10	
现场 6S	是否做到	10	
任务方案	是否合理	15	
操作过程	1. 2. 3.	30	
任务完成情况	是否圆满完成	5	
操作过程	是否标准规范	10	
劳动纪律	是否严格遵守	5	
工单填写	是否完整、规范	5	
评分			

参考文献

[1] 刘思亮.建筑供配电 [M].北京：中国建筑工业出版社，1998.

[2] 唐志平，邹一琴.供配电技术 [M].4 版.北京：电子工业出版社，2019.

[3] 中国航空工业规划设计研究总院有限公司.工业与民用供配电设计手册 [M].4 版.北京：中国电力出版社，2016.

[4] 王建华.电气工程师手册 [M].3 版.北京：机械工业出版社，2006.

[5] 沈柏民.供配电技术与技能训练 [M].2 版.北京：电子工业出版社，2022.

[6] 张保会，尹项根.电力系统继电保护 [M].2 版.北京：中国电力出版社，2009.

[7] 中华人民共和国能源部.电业安全工作规程（发电厂和变电所电气部分）：DL 408—1991 [S].北京：中国电力出版社，1991.

[8] 中华人民共和国国家质量监督检验检疫总局，中国国家标准化管理委员会.电力安全工作规程（发电厂和变电站电气部分）：GB 26860—2011 [S].北京：中国标准化出版社，2012.

[9] 中华人民共和国住房和城乡建设部.爆炸危险环境电力装置设计规范：GB 50058—2014 [S].北京：中国计划出版社，2014.

[10] 中华人民共和国住房和城乡建设部.低压配电设计规范：GB 50054—2011 [S].北京：中国计划出版社，2012.